化学工业出版社"十四五"普通高等教育规划教材

普通高等教育一流本科专业建设成果教材

建设工程质量控制

JIANSHE GONGCHENG ZHILIANG KONGZHI

高会芹　纪凡荣　高吉云　张　凤　主编

化学工业出版社
·北京·

内容简介

《建设工程质量控制》依托国家级一流本科专业建设,在质量管理的基本理论和基本方法的基础上,根据我国现行的建设工程质量方面的法律法规、规范等,全面系统地介绍了工程建设全过程各阶段质量控制,匹配工程案例、课后习题、拓展阅读、工程前沿及课程思政等元素,既重视工程实践背景、突出应用与可操作性,又注重职业素质培养,达到系统提升学生全过程质量管理能力和解决复杂工程问题能力的目的,打造"知识系统、重视实践、突出应用、提升能力"的教材特色。

本书可以作为全国高等学校工程管理、工程造价、土木工程等本科专业的教材,也可以供建设工程项目管理人员参考使用。

图书在版编目(CIP)数据

建设工程质量控制 / 高会芹等主编. —北京:化学工业出版社,2022.8

普通高等教育一流本科专业建设成果教材 化学工业出版社"十四五"普通高等教育规划教材

ISBN 978-7-122-41537-0

Ⅰ.①建⋯ Ⅱ.①高⋯ Ⅲ.①建筑工程-质量控制-高等学校-教材 Ⅳ.①TU712.3

中国版本图书馆CIP数据核字(2022)第092068号

责任编辑:刘丽菲
文字编辑:林 丹 沙 静
责任校对:刘曦阳
装帧设计:刘丽华

出版发行:化学工业出版社
　　　　　(北京市东城区青年湖南街13号 邮政编码100011)
印　　装:大厂聚鑫印刷有限责任公司
787mm×1092mm 1/16 印张11¼ 字数271千字
2023年2月北京第1版第1次印刷

购书咨询:010-64518888
售后服务:010-64518899
网　　址:http://www.cip.com.cn
凡购买本书,如有缺损质量问题,本社销售中心负责调换。

定　　价:48.00元　　　　　　版权所有　违者必究

前言

质量发展是兴国之道、强国之策。建筑业在推动经济社会快速发展的同时，工程质量更加关系到人民群众生命财产的安全。"百年大计，质量第一"是我国建筑工程行业一贯坚持的方针。目前，建筑行业相关的法律法规和标准规范基本完善，工程质量管理的技术与方法也在不断进步，然而工程质量问题仍然偶有发生，因此，必须要做好建设工程质量控制，避免工程质量事故。

建设工程质量控制是工程管理专业重要的一门核心课程。本教材的编写共分9章，可分为两大框架，一是质量管理的基本原理和建设工程质量管理制度介绍，二是介绍基于建设全过程的质量控制要求，具体包括勘察设计阶段、施工阶段、工程验收及工程质量缺陷与事故的分析处理，在此基础上引入BIM在建设工程质量管理中应用。

本书每一章的内容采取章前树立学习目标、醒目关键词、导入事故案例，以便充分理解本章的学习目的和学习意义；文后辅以检验知识点的课后习题、提高学生解决问题的综合题及扩展知识面的阅读资料构成，以巩固学习效果和增强学习的可持续性。

本书依托山东建筑大学工程管理国家级一流本科专业建设，由山东建筑大学建设工程质量控制编写团队高会芹、纪凡荣、高吉云、张凤主编，由亓霞担任主审，团队成员均具有多年的工程实践和教学经验。具体分工如下：第1~3章由高会芹、高吉云编写，第4章由张凤编写，第5~8章由高会芹、王洪峰编写，第9章由纪凡荣编写。同时感谢工管203班张雨笛、郑晶晶同学在资料收集过程中发挥的重要作用，感谢山东同园工程咨询有限公司刘咸峰项目经理给第6、7章的修改建议，感谢宁波日月星港湾工程有限公司王洪峰总工程师参与部分篇章编写及给出的修改建议。

本书在编写中参考了有关作品，均在文中或参考文献处予以标注，在此一并表示感谢。市场不断变化，法律法规、标准规范等不断完善，有关质量管理的研究和实践也在不断丰富，加之作者水平所限，不当之处敬请读者批评指正。欢迎读者通过邮箱 gaohuiqin@sdjzu.edu.cn 提出您宝贵的意见和建议，在此表示衷心的感谢！

编者
2022年5月

目录

037 ┃ 第3章　建设工程质量管理制度

092 第6章　施工阶段质量控制

120 | 第7章 建设工程验收的质量控制

146 | 第8章 建设工程质量缺陷与事故的分析处理

156 | 第9章　BIM在建设工程质量管理中的应用

169 | 参考文献

第1章
建设工程质量管理概述

 学习目标

1. 了解质量管理的发展过程；
2. 熟悉质量、建设工程质量和工程质量控制的概念；
3. 掌握建设工程质量控制的原则；
4. 掌握建设工程质量管理制度；
5. 掌握建设工程质量形成的过程；
6. 识别影响工程质量的因素。

- **关键词：** 质量管理、质量、建设工程质量

 案例导读

【事故背景】1994 年 11 月 5 日，重庆市綦江县政府决定在綦河上架设一座人行桥"虹桥"，贯通綦河东西城区。工程于 1996 年 2 月 16 日竣工，3 月 15 日投入使用。工期 467 天，工程造价 402.24 万元。桥全长 140m，全宽 6m，净跨 5.5m。1999 年 1 月 4 日 18 时 50 分，"轰隆"一声巨响，虹桥突然整体垮塌，造成 40 人死亡，轻重伤 14 人，直接经济损失 631 万元。这就是"1.4 重庆綦江虹桥垮塌案"。

【原因分析】根据"綦江县虹桥事故调查专家组"出具的《事故技术鉴定意见》，虹桥垮塌被归之于三大主因：①吊杆锁锚方法错误，主拱钢管严重质量缺陷，是导致垮桥的直接原因；②设计粗糙，更改随意，构造存在不当之处；③施工质量达不到设计要求，存在严重质量问题。在成桥增设花坛等附加荷载后，主拱承载力不能满足相应规范要求。其中背后的无证施工、管理混乱、未经验收等其他问题，也是导致事故发生的重要原因。

【责任追究】1999 年 4 月 3 日，法院对相关个人及单位分别以受贿罪、玩忽职守罪、工程重大安全事故罪、生产销售不符合安全标准产品罪等进行了刑事责任追究。

1.1 质量管理概述

1.1.1 质量概念

所谓质量，ISO 9000: 2015《质量管理体系——基础和术语》中给出的定义是：客体的一组固有特性满足要求的程度。质量可与"差""好"或"极好"等形容词进行连用，固有特性是存在于对象中。

（1）客体

客体是指任何可感知或可想象的事物，例如：产品、服务、过程、人员、组织、系统、资源。对象可以是物质的（如发动机、一张纸、钻石等），也可以是非物质的（如转化率、项目计划等）或想象的（如组织的未来状态等）。

（2）特性

特性是指可区分的特性，可以是固有的或赋予的，可以是定性的或定量的。比如：物理特性（机械、电气、化学或生物特性）；感觉特性（嗅觉、触觉、味觉、视觉、听觉）；行为特性（礼貌、诚实）；时间特性（准时性、可靠性、可用性、连续性）；符合人体工程学的特性（生理特性或与人类安全有关）；功能特性（飞机的最高速度）等各种类别的特性。

（3）要求

要求是指明示的、通常隐含的或必须履行的需求或期望。要求可以由不同的相关方或组织提出；特定要求是经明示的要求，比如在文件信息中；通常隐含是指组织和相关方的惯例或惯例是隐含的。

在表达特定类型的要求时可以使用限定词，例如产品要求、质量管理要求、客户要求、质量要求。要实现高顾客满意度可能需要满足顾客的期望，即使它既不是明示的，也不是通常隐含的或必须的。

（4）程度

程度是指根据不同的用途，对象质量能恰当地满足顾客的使用要求。比如：打印纸一般要求表面光滑，不易晕染，颜色洁白，质地结实，可满足办公、书写的要求；牛皮纸一般粗糙，有色，可满足简单包装物品的要求。或者说，以产品为例，生产厂家应将对产品质量的规定限制在最大范围地满足特定用户的特定需求，即为产品的使用价值及其属性能满足用户需要的程度。

一般来说，质量有狭义和广义之分，ISO 9000: 2015 中给出的是广义质量的概念，在质量描述上已经突破了狭义的产品、服务质量的范围，涵盖了过程、人员、组织、系统、资源等更大范围的质量。

1.1.2 质量概念的发展

质量概念中的对象早期局限于产品，随着科学技术的发展和需求的不断变化，逐渐扩展到服务以及过程和管理体系等。对质量概念的理解也在逐步深入，大致经历了符合性质量、适用性质量和广义质量的演变历程。

（1）符合性质量

"符合性质量"是指质量符合图样规定、技术标准、规范和要求。美国的质量管理专家克劳士比是其主要代表人物之一，他认为：质量的定义就是符合要求，而不是"好、优秀、独特"等主观和含糊的术语。

产品质量必须是符合规范或要求，质量合格，构成了产品质量的基础。这种质量观表述比较简单、直观、具体，对于质量检验和质量控制等具体工作具有很大的实用性，它只是从生产者的立场出发，静态地反映产品的质量，难以全面反映顾客的需求，更不用说反映需求的动态变化，这也就忽略了企业存在的真正目的和使命。

（2）适用性质量

"适用性质量"是指产品要满足顾客的需要。适用性质量最早由美国的质量管理专家朱兰提出。适用性质量概念适用于一切产品或服务。对顾客来说，质量就是适用性，而不是"符合规范"。适用性质量判断的依据是顾客的要求，顾客要求包括生理的、心理的和伦理的等多个方面，适用性质量的内涵也在不断地拓展和丰富。

质量从"符合性"到"适用性"，反映了人们在对质量的认识过程中，已经开始把顾客需求放在首要位置。"适用性质量"明确指出质量工作的核心是在产品使用全过程、服务提供全过程中满足顾客的要求。这对于促进组织重视顾客要求，为顾客创造价值，明确企业存在的根本目的和使命无疑具有深远的意义。

（3）广义质量

20 世纪 80 年代后，人们对于质量的认识变得更加深入和广泛。站在顾客的角度，质量意味着产品或服务那些能够满足他们需要的特征。此外，质量还意味着不出故障，或发生故障时良好的顾客服务。与此同时，因为社会可持续发展的需要，质量还应具有对社会环境长期无害的特征，要综合满足多相关方的要求。进入 21 世纪，质的"适目的性"逐渐成为共识。

2015 版 ISO 9000 标准将质量定义为"客体的一组固有特性满足要求的程度"，也体现了这种认识。实质上，好的质量不仅要符合技术标准的要求（符合性），同时要满足顾客的要求（适用性）和所有相关方的要求，如社会的要求（环境、资源、公共卫生等），员工的要求（健康、安全等）。质量评价的对象（即客体）也从产品扩展到服务、过程体系等方面。所以，这种质量观是广义的质量观，或称"大质量"观。

1.1.3　质量管理概念

（1）管理

2015 版 ISO 9000 标准将管理定义为：指挥和控制组织的协调活动，管理可包括制定方针和目标，以及实现这些目标的过程。管理者通过实施计划、组织、领导和控制来协调他人的活动，实现组织目标的过程。管理是由计划、组织、领导、控制这一系列相互关联、连续进行的活动所构成，这些活动构成了管理的四大职能。

（2）质量管理

2015 版 ISO 9000 标准将质量管理定义为：包括制定质量方针和质量目标，以及通过质量策划、质量保证、质量控制和质量改进实现这些质量目标的过程。

质量策划：质量管理的一部分，致力于制定质量目标并规定必要的运行过程和相关资源，以实现质量目标。

质量保证：质量管理的一部分，致力于提供质量要求会得到满足的信任。

质量控制：质量管理的一部分，致力于满足质量要求。

质量改进：质量管理的一部分，致力于增强满足质量要求的能力，质量要求可以是有关任何方面的，如有效性、效率或可追溯性等。

1.1.4　质量管理的发展

质量管理的产生和发展走过了漫长的道路。人类历史上自有产品生产以来，就开始了以产品的成品检验为主的质量管理方法。根据历史文献记载，我国早在 2400 多年前，就已有了青铜制刀枪武器的质量检验制度。工业革命后，机器工业取代了手工作坊式生产，质量管理也得到了迅速发展，产生了质量管理科学。根据质量管理所依据的手段和方式，质量管理发展历程大致划分为三个阶段。

（1）质量检验阶段（约 1940 年之前）

19 世纪之前受家庭生产或手工业作坊式生产经营方式的影响，产品质量主要依靠工人的实际操作经验，靠手摸、眼看等感官估计和简单的度量衡器测量而定。工人既是操作者又是质量检验、质量管理者，且经验就是"标准"。因此，有人又将这个阶段称之为"操作者的质量管理"。

工业革命改变了一切。机器工业生产取代了手工作坊式生产，劳动者集中到一个工厂内共同进行批量生产劳动，出现了社会分工和标准化的生产理念，泰勒发起的"科学管理运动"特别强调工长在保证质量方面的作用，出现了"工长的质量管理"。

随后，随着企业生产规模的扩大，产品复杂程度的提高，产品有了技术标准，公差管理制度也日趋完善，各种检验工具和检验技术也随之发展，强调质量检验与生产操作相分离，于是工长的质量检验职能转移给了专职的检验员，出现了"检验员的质量管理"。

上述三种方式有着共同的弱点。其一，它属于"事后检验"，无法在生产过程中完全起到预防、控制的作用，一经发现废品，就是"既成事实"，很难补救；其二，它要求对成品进行百分之百的检验，这样做有时在经济上并不合理，比如增加检验费用、延误出厂交货期限等，有时从技术上考虑也不可能，比如破坏性检验等，在生产规模扩大和大批量生产的情况下，这个弱点尤为突出。因而管理实践中逐渐萌发出"预防"的思想。

（2）统计质量控制阶段（约 1940—1960 年）

20 世纪初，统计科学有了很大的发展。美国贝尔实验室产品控制组的道奇（H.F.Dodge）和罗米格（H.G.Roming）提出了抽样检验的理论，并设计了实际使用的"抽样检验表"，解决了全数检验和破坏性检验在应用中的困境。美国贝尔实验室过程控制组的休哈特（W.A.Shewhart）提出了统计过程控制（SPC）理论和监控过程的工具——控制图，为统计质量控制奠定了理论基础。

统计质量阶段是质量管理发展历史上一个非常重要的阶段，在定性分析的基础上引入定量分析，是质量管理科学走上成熟的标志。统计质量管理是利用统计方法从产品的质量波动中找出规律性，及时发现生产过程中的异常波动并分析原因采取控制措施，将生产的各个环节控制在正常状态，有效减少了不合格品的产生，大大降低了生产费用。

统计质量阶段标志着将事后检验的观念改变为预防加事后检验相结合的方式。但该阶段过分强调质量控制的统计方法，忽视了组织管理工作，使得人们误认为"质量管理就是统计方法"，而仅有少部分的质量管理专家才能弄懂专业的数理统计理论，因此质量工作成了"质量管理专家的事情"。这在一定程度上限制了质量管理统计方法的普及。然而，随着现代化大规模生产的逐步推进，影响产品质量的因素多种多样，单纯依靠统计方法也不可能解决所有的质量问题，逐渐萌发出了"系统"的思想。

（3）全面质量管理阶段（约 1960 年—至今）

1956 年，美国通用电气公司质量经理费根堡姆最早提出了"全面质量管理"的概念。费根堡姆认为：解决质量问题不能只局限于制造过程，解决质量问题的手段也不能局限于统计方法，必须结合企业组织管理的各种流程和职能，建立一套质量管理的工作系统。1961 年费根堡姆的全面质量管理概念强调三个方面：第一，相对于统计质量控制中的"统计"，"全面"是综合运用各种管理方法和手段，充分发挥组织中每一个成员的作用；第二，相对于生产过程，"全面"还体现在产品质量的产生、形成和实现全过程方面；第三，质量还应考虑产品质量的经济性和满足顾客要求的完美统一。

20 世纪 80 年代以后，费根堡姆的全面质量管理的思想逐步被世界各国所接受，并且各国在运用时各有所长。日本在 1950 年以后引进统计质量控制方法以后，在实践中逐渐发展成为"全公司的质量控制"（CWQC），加拿大总结制定为 4 级质量大纲标准（即 CSAZ299），英国总结制定为 3 级质量保证体系标准（即 BS5750）等。

全面质量管理从单纯对产品质量的管理转向对产品质量、工作质量、体系质量的管理；从操作者、工长、专职质量检验人员、质量控制技术人员的管理，转向组织全体员工参与的管理；从对生产过程的管理，转为对产品实现全过程的管理。全面质量管理不再局限于传统的质量领域，而演变为一套以质量为中心的综合的管理方式和管理理念。它运用系统的观点，通过提高工作质量，保证体系质量，从而实现产品质量的提升；它综合运用经营管理、专业技术、数理统计等多种方法，以实现更高的质量和更好的经济效益。

目前，全面质量管理不断地发展深化，出现了许多新的质量管理模式和方法，如 ISO 9001 质量管理体系、卓越绩效管理、六西格玛管理、精益管理、QC 小组活动等。然而，不论名称是什么，都可视为是全面质量管理在发展演进过程中的组成部分或者表现形式。步入 21 世纪，在有效吸取多种质量管理模式的情形下，质量管理逐渐呈现出多种质量管理模式融合发展的态势。当然，随着新技术革命的兴起，以及由此而产生的挑战，人们解决质量问题的方法、手段必然会更为完善、丰富，质量管理的发展定会进入新阶段。

1.1.5　质量大师及其主要思想

质量管理作为一门独立的学科，能够发展到如今的水平，包含了不可计数的献身于质量管理的前辈们的努力。从研究质量规律的专家到致力于质量改进的实践者，每个人都作出了自己应有的贡献。其中有几位学者，他们以惊人的洞察力和睿智的思想，直接改变了人们对质量的看法，对质量管理这门学科的发展产生了深远的影响。其中有戴明（W.Edwards Deming）、朱兰

(Joseph M.Juran)、休哈特（Walter A. Shewhart）、克劳士比（Philip B.Crosby），费根堡姆（Armand Vallin Feigenbaum）、石川馨（Kaoru Ishikawa）等。

（1）戴明及其质量思想

W.E.戴明（1900—1993 年）是 20 世纪管理领域中最有影响力的人物之一，是全球公认的质量管理专家、统计学家和管理顾问，被誉为"现代质量管理之父"。

戴明指出管理者必须关注 14 个要点才能实现向质量型组织的转变。这 14 点可以看作戴明质量管理理念的精髓，其具体内容如下：

① 树立改进产品和服务的长期目标以使企业保持竞争力，确保企业的生存发展并提供更多的工作机会。

② 接受新的理念。管理者必须直面挑战，领导变革。

③ 不要将质量依赖于检验。通过从一开始就使质量成为产品的组成部分，从而消除大量检验的必要性。

④ 不要只是依据价格来做生意，要着眼于总成本最低。

⑤ 持续地改进生产和服务系统，以提高质量和生产率，并不断降低成本。

⑥ 建立工作岗位培训。所有员工都需要培训，以便能正确、有效地工作。

⑦ 提升领导能力。不只是管，领导意味着帮助人员、机器更好地工作。

⑧ 消除恐惧，使每个人都能有效地为公司服务。

⑨ 打破部门之间的壁垒，团队协作。

⑩ 消除那些要求员工提高生产力水平的口号、标语和数字目标。因为造成低质量和低生产力的大多数原因在于系统，即超过了员工的权限，训诫只会导致对立关系的产生。

⑪ 取消工作现场的数字化定额和指标，而由强化领导取而代之。

⑫ 消除那些不能让员工以其工作质量为荣的障碍。

⑬ 制订有活力的教育和自我改进计划。

⑭ 使组织中的每个人都行动起来去实现转变。

戴明主张的是一种系统的观念，强调组织管理要以一个良好的系统为基础，要通过不断地改进系统来实现质量、生产率的提升和成本的降低；重视领导和文化的作用，营造积极氛围影响人们，充分调动每个人的积极性和创造性。基本的工作方法为 PDCA 循环，即戴明环。PDCA 循环是能使任何一项活动有效进行的一种合乎逻辑的工作程序，是一个基本的质量工具。

（2）朱兰及其质量思想

M.朱兰（1904—2008 年）是世界著名的质量管理专家之一，撰写和出版了十三本有关专著和数百篇论文。他主编的《质量控制手册》（*Quality Control Handbook*）1951 年出版后，对世界各国均有广泛的影响。其基本的质量观包括：

① 关于质量内涵。朱兰认为，质量的本质内涵是"适用性"，而所谓适用性（fitness for use）是指使产品在使用期间能满足使用者的需求。不仅要满足明确的需求，也要满足潜在的需求。这一思想使质量管理范围从生产过程中的控制，进一步扩大到产品开发和工艺设计阶段。

② 质量螺旋（quality loop）。产品质量是在市场调查、开发、设计、计划、采购、生产控制、检验、销售、服务、反馈等全过程中形成的，同时又在这个全过程的不断循环中螺旋式提高，所以也称为质量进展螺旋。由于每项环节具有相互依存性，符合要求的全公司范围的质量

管理需求巨大，高级管理层必须在其中起着积极的领导作用。

③ 80/20 原则。朱兰博士将帕累托原理引入了质量管理领域。他依据大量的实际调查和统计分析认为，企业产品或服务质量问题，追究其原因，只有 20% 来自基层操作人员，而 80% 的质量问题是由领导责任引起的。

（3）休哈特及其质量思想

W.A.休哈特（1891—1967 年）是美国贝尔电话研究所工程师、统计学家，是现代科学质量管理的奠基者。1920 年提出质量管理应该具有预防产生废品职能的新概念。1924 年运用概率论原理提出了控制生产过程中产品质量的"6σ"方法，后来发展成"质量控制图"。1931 年休哈特将自己多年研究的成果，总结出版了《工业产品质量的经济控制》一书，成为最早将数理统计方法引入质量管理的先驱，被人们尊称为"统计质量控制之父"。质量控制的基本原理 PDCA 循环是休哈特博士首先提出，后来经戴明宣传和普及，成为推行全面质量管理所应遵循的科学程序。

（4）克劳士比及其质量思想

P.B.克劳士比（1926—2001 年）被誉为"零缺陷之父""世界质量先生""伟大的管理思想家"，终生致力于"质量管理"哲学的发展和应用，引发全球质量活动由生产制造业扩大到工商企业领域。曾多次获大奖，于 2001 年被授予美国质量界最高荣誉——美国质量学会（ASQ）终身荣誉会员，2002 年，美国质量学会（ASQ）设立以克劳士比命名的"克劳士比奖章"以提携、表彰质量管理方面的优秀作家。

克劳士比所著的《质量免费》《达成目标的艺术》等书在质量管理领域有很大的影响。1961 年，创造出"零缺陷"的概念，理论核心为"第一次就把事情做对"。他的基本质量观为质量管理的四个原则，即质量是符合要求、质量的系统是预防、质量的工作标准是零缺陷和质量的衡量标准是"不符合要求的代价"。此外，克劳士比还提出了质量改进的三个基本要素：决心、教育和实施质量改进的 14 个步骤。

（5）费根堡姆及其质量思想

A.V.费根堡姆（1936—2014 年），曾担任美国通用电气公司质量总经理。1961 年发表其著作《全面质量管理》，最早提出了全面质量管理的概念，为全面质量管理的创始人。他认为全面质量管理是为了能够在最经济的水平上考虑充分满足用户要求的条件下进行市场研究、设计、生产和服务，把企业各部门的研制质量、维持质量和提高质量的活动构成一体的有效体系。全面质量管理的核心思想是在一个企业内将质量控制扩展到产品寿命循环的全过程，强调全体员工都参与质量控制。

（6）石川馨及其质量思想

石川馨（1939—1989 年）是日本著名的质量管理专家，对日本推行全面质量管理和质量管理小组活动有显著贡献。石川馨博士根据日本企业的实践把全面质量管理描述为"全公司的质量控制"（Company Wide Quality Control,CWQC），他认为，不仅研究、设计和制造部门需参加质量管理，而且销售、材料供应部门和诸如会计、计划、人事等管理部门和行政机构也应参加质量管理。石川馨主张在全公司质量管理中运用统计技术。他把统计技术分为 3 类（初级、中级、高级），并且认为 90%～95% 的问题使用初级统计技术就可以解决，并发明了可用于质量改进的一种系统工具——鱼骨图。1972 年，石川馨出版《质量控制指南》一书。

1.2　全面质量管理

1.2.1　全面质量管理概念

1994 年版 ISO8402 标准中对全面质量管理的定义为：一个组织以质量为中心，以全员参与为基础，目的在于通过让顾客满意和本组织所有成员及社会受益而达到长期成功的管理途径。

建立并实施质量体系是开展全面质量管理的基础；"全员"是指组织结构中所有部门和所有层次的人员；"质量"的概念扩充为全部管理目标，即"全面质量"，可包括提高实体质量（产品、工作、质量体系、过程、人的质量），缩短周期（生产周期、物资储备周期），降低成本和提高效益；全面质量管理的成功关键在于最高管理者强有力和持续的领导，全员教育和培训，持续进行质量改进。

费根堡姆、朱兰、戴明、石川馨等都曾对全面质量管理作出概括。全面质量管理是针对广义质量概念而言的，不仅对产品质量进行管理，也要对工作质量和管理体系质量进行管理；不仅对产品性能进行管理，也要对安全性、经济性、适用性等进行管理；不仅要对物进行管理，也要对人进行管理。

1.2.2　全面质量管理的基本要求——三全一多样

改革开放以后，全面质量管理在我国得到了广泛深入的推行。结合我国企业全面质量管理的实践，我国质量专家将全面质量管理的特点概括为"三全一多样"，即全员、全过程、全组织，采用多样性的方法。后来，根据质量管理的发展，"三全一多样"演变为"全员、全过程、全方位和多样化方法"。

（1）全员的质量管理

产品和服务质量是组织各方面、各部门、各环节工作质量的综合反映。组织中任何一个环节，任何一个人的工作质量都会不同程度地直接或间接地影响着产品质量或服务质量。因此，产品质量人人有责，每个人都做好本职工作，全体参加质量管理，才能生产出顾客满意的产品。

为了激发全体员工参与的积极性，管理者要做好以下三个方面的工作：

首先，必须抓好全员的质量教育和培训。一方面要加强职工的质量意识、职业道德、以顾客为中心的意识和职业精神的教育，另一方面要提高员工的技术能力和管理能力，增强参与意识。在教育和培训过程中，要分析不同层次员工的需求，有针对性地开展教育和培训。

其次，把质量责任纳入相应的过程，在部门和岗位中，形成高效、严密的质量管理工作的系统。对员工授权赋能，使员工自主做出决策和采取行动，即所谓的活性化。活性化是全面质量管理的基本做法之一，之所以如此，原因在于：第一，员工有强烈的参与意识，同时也具有一定的聪明才智，员工活性化会激发他们的积极性和创造性；第二，企业的竞争力在于顾客和相关方的满意以及对市场变化的反应速度，而这很大程度上取决于员工的活性程度；第三，活性化应该要求员工对于质量做出相应的承诺，并将质量责任同奖惩机制挂钩，确保责权利的统一。

最后，在全员参与的活动过程中，鼓励团队合作和多种形式的群众性质量管理活动，充分发挥广大职工的聪明才智和当家作主的进取精神。群众性质量管理活动的重要形式之一是质量管理小组。除了质量管理小组外，还有很多群众性质量管理活动，如合理化建议制度和质量相关的劳动竞赛等。

（2）全过程的质量管理

产品质量形成的过程包括市场研究（调查）、设计、开发、计划、采购、生产、控制、检验、销售、服务等环节，每一个环节都对产品质量产生或大或小的影响。上述过程是一个不断循环螺旋式提高的过程，产品质量在循环中不断提高。

要控制产品质量，需要控制影响质量的所有环节和因素。全过程的质量管理包括了从市场调研产品的设计开发生产（作业），到销售、售后服务等全部有关过程。换句话说，要保证产品或服务的质量，不仅要搞好生产或作业过程的质量管理，还要搞好设计过程和使用过程的质量管理，要把质量形成全过程的各个环节或有关因素控制起来，形成一个综合性的质量管理体系。

（3）全组织（全方位）的质量管理

全组织的质量管理可以从纵横两个方面来加以理解。从纵向的组织管理角度来看，质量目标的实现有赖于企业的高层、中层、基层管理乃至一线员工的通力协作，其中尤以高层管理能否全力以赴起着决定性的作用。从组织职能间的横向配合来看，要保证和提高产品质量必须使企业研制、维持和改进质量的所有活动构成一个有效的整体。全组织的质量管理可以从两个角度来理解。

① 从组织管理的角度来看，每个组织都可以划分成高层管理、中层管理和基层管理。"全组织的质量管理"就是要求组织各管理层次都有明确的质量管理活动内容。当然，各层次活动的侧重点不同。高层管理侧重于质量决策，制订组织的质量方针、质量目标、质量战略和质量计划，并协调组织各部门、各环节、各类人员的质量管理活动，保证实现组织经营管理的最终目的。中层管理则要贯彻落实领导层的质量决策，运用一定的方法找到各部门的关键薄弱环节或亟待解决的重要事项，确定本部门的目标和对策；更好地履行各自的质量职能，并对基层工作进行具体的业务管理。基层管理则要求每个员工都要严格地按标准、按规范进行作业，相互间分工合作，并结合岗位工作开展群众性的合理化建议和质量管理小组活动，不断进行作业改善。

② 从质量职能的角度来看，质量职能是对在产品质量产生、形成和实现过程中各个环节的活动所发挥的作用或承担的职责与权限的一种概括。因此，组织的质量职能是由组织内部的各个部门承担的，也有质量职能涉及组织外部的供应商、销售商、顾客等。要保证和提高产品质量，就必须将分散在组织内外部和各部门的质量职能充分发挥并整合起来。为了保证质量目标的实现，组织应明确为实现质量目标所必须进行的各项质量活动，将对应的质量职能委派给组织的相应部门；向承担质量职能的部门提供必需的技术上和管理上的支持；确保质量职能在各个部门、各个环节的实施；协调各部门的质量职能使其相互配合，指向共同的目标。组织要以综合、系统的方式来理解和解决质量问题，使组织的质量活动以及活动成果达到最佳的水平。综上所述，"全组织的质量管理"就是要以质量为中心，领导重视、组织落实、体系完善。

（4）多方法的质量管理

随着产品复杂程度的增加，影响产品质量的因素也越来越多。既有物的因素，也有人的因素；既有技术的因素，也有管理的因素；既有组织内部的因素，也有供应链的因素。要把这一系列的因素系统地控制起来，就必须结合组织的实际情况，广泛、灵活地运用各种现代化的科学管理方法，加以综合治理。

目前质量管理中使用的工具和方法，常用的有所谓的质量控制老七种工具（分层法、调查表、排列图、因果分析图、直方图、控制图、散布图）、新七种工具［系统图、关联图、亲和（KJ）图、矩阵图、网络图、过程决策程序图（PDPC）法、矩阵数据分析法］，还有近年来引进开发的新方法，如质量功能展开（QFD）、田口方法、故障模式和影响分析（FMEA）、头脑风暴法（BS）、六西格玛法（6σ）、水平对比法（BM）、业务流程再造（BPR）等。在应用质量工具方法时，要以方法的科学性和适用性为原则，要坚持用数据和事实说话，从应用需求出发尽量简化。总之，为了实现质量目标，必须综合应用各种先进的管理方法和技术手段，必须善于学习和引进国内外先进企业的经验，不断改进本组织的业务流程和工作方法，不断提高组织成员的质量意识和质量技能。"多方法的质量管理"强调程序科学、方法灵活、实事求是、讲求实效。

目前质量管理中使用的工具和方法，既有统计方法，又有非统计方法。质量管理方法可以分为3种类型：①单一方法。如QC老七种工具、新七种工具等，用来解决简单或局部问题。②集成方法。如质量控制小组活动、质量功能展开、田口方法、故障模式与影响分析、水平对比法等，用来解决相对复杂的问题。③系统方法。如ISO 9001、ISO 9004、ISO 14001、卓越绩效模式等，用体系化的方式解决组织整体性的问题。

实践证明，全面质量管理"三全一多样"的基本要求，对我国企业开展全面质量管理活动起到了指导作用，已经成为我国企业开展全面质量管理活动的出发点和落脚点。随着组织管理由组织的内部过程拓展到整个供应链管理，质量管理也由组织内部范畴延伸到整个供应链上。

目前，全供应链质量管理成为越来越多组织开展质量管理的视角。在供应链环境下，产品的生产销售、售后服务需要由供应链成员企业共同完成，产品质量客观上是由供应链全体成员共同保证和实现的。供应链质量管理就是对分布在整个供应链范围内的产品质量的产生、形成和实现过程进行管理，从而实现供应链环境下产品质量控制与质量保证。因此，构建一个完整有效的供应链质量保证体系，确保供应链具有持续而稳定的质量保证能力，能对用户和市场的需求快速响应，并提供优质的产品和服务，是供应链质量管理的主要内容。

供应链管理及商业模式的变化已将质量管理延伸到外部组织，与市场环境、政策、供需关系等密切相关，甚至会涉及多边交互的复杂关系，需要企业、社会组织、政府等有关各方共同努力。因此，面向未来及更广阔的空间，质量管理突破一个"组织"范畴而延伸到"全方位的质量管理"。

1.2.3   全面质量管理的工作方法——PDCA

任何活动须遵循科学的工作程序，PDCA循环是全面质量管理的工作方法或程序。

PDCA代表计划（Plan）、执行（Do）、检查（Check）、处理（Action）四个单词，它反映了质量管理必须遵循的四个阶段（图1-1）。

（1）计划阶段（P）

根据顾客的要求和组织的方针，建立体系的目标及其过程，确定实现结果所需的资源，并识别和应对风险和机遇。

（2）执行阶段（D）

执行所做的策划。

（3）**检查阶段（C）**

根据方针、目标、要求和所策划的活动，对过程以及形成的产品和服务进行检查，并报告结果。

（4）**处理阶段（A）**

必要时，采取措施提高绩效。要把成功的经验变成标准，以后按标准实施；对失败的教训加以总结，防止再发生；没有解决的遗留问题则转入下一轮 PDCA 循环。

PDCA 循环作为质量管理的科学方法，适用于组织的各个环节、各个方面的质量工作。PDCA 循环四个阶段一个也不能少，同时大环套小环，环环相扣。一般来说，在 PDCA 循环中，上一级循环是下一级循环的依据，下一级循环是上一级循环的落实和具体化，通过各个循环把组织的各项工作有机地联系起来。例如，在实施阶段为了落实总体的安排部署，制订更低层次的、更具体的小 PDCA 循环来开展计划、实施、检查和处置工作。PDCA 是螺旋式不断上升的循环，每循环一次，产品质量、过程质量或体系质量就提高一步（图 1-2）。

图 1-1　PDCA 循环示意图

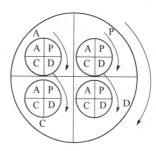

图 1-2　大环套小环示意图

企业的管理实践中，质量管理通常分为方针管理和日常管理两层次。方针管理主要由管理人员实施，旨在解决组织发展中的全局性问题、瓶颈性问题或进行创新性活动，通常采用 PDCA 方法开展。而对于已经有确定目标和方法的活动则将其纳入日常管理，主要由作业人员通过标准化的方式实施，通常采用 SDCA 方法开展，SDCA 指的是标准化（Standardize）、实施（Do）、检查（Check）和处置（Action）这四个过程。通过 PDCA 和 SDCA 循环的交替进行，组织持续不断地提升质量水平（图 1-3）。

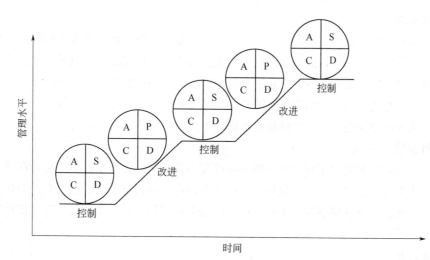

图 1-3　质量水平提升示意图

1.3　建设工程质量

1.3.1　建设工程质量概念

　　根据 ISO 9000: 2015 中给出的质量定义，建设工程质量可定义为：建设工程满足相关标准规定和合同约定要求的程度，包括其在安全、使用功能及其在耐久性能、节能与环境保护等方面所有明示和隐含的固有特性。

　　建设工程作为一种特殊的产品，除具有一般产品共有的质量特性外，还具有特定的内涵。建设工程质量的特性主要表现在以下七个方面：

　　（1）适用性

　　即功能，是指工程满足使用目的的各种性能。包括：理化性能，如尺寸、规格、保温、隔热、隔声等物理性能，耐酸、耐碱、耐腐蚀、防火、防风化、防尘等化学性能；结构性能，指地基基础牢固程度，结构的足够强度、刚度和稳定性；使用性能，如民用住宅工程要能使居住者安居，工业厂房要能满足生产活动需要，道路、桥梁、铁路、航道要能通达便捷等，建设工程的组成部件、水、暖、电、卫器具、设备也要能满足其使用功能；外观性能，指建筑物的造型、布置、室内装饰效果、色彩等美观大方、协调等。

　　（2）耐久性

　　即寿命，是指工程在规定的条件下，满足规定功能要求使用的年限，也就是工程竣工后的合理使用寿命期。由于建筑物本身结构类型不同、质量要求不同、施工方法不同、使用性能不同的个性特点，目前国家对建设工程的合理使用寿命期还缺乏统一规定，仅在少数技术标准中，提出了明确要求。如民用建筑主体结构耐用年限分为四级（15～30 年，30～50 年，50～100 年，100 年以上），公路工程设计年限视不同道路构成和所用的材料，设计的使用年限也有所不同。对工程组成部件（如塑料管道、屋面防水、卫生洁具、电梯等）也视生产厂家设计的产品性质及工程的合理使用寿命期而规定不同的耐用年限。

　　（3）安全性

　　是指工程建成后在使用过程中保证结构安全、保证人身和环境免受危害的程度。建设工程产品的结构安全度、抗震、耐火及防火能力，人民防空工程的抗辐射、抗核污染、抗冲击波等能力是否能达到特定的要求，都是安全性的重要标志。工程交付使用之后，必须保证人身财产、工程整体都有一定可免遭工程结构破坏及外来危害带来的伤害。工程组成部件，如阳台栏杆、楼梯扶手、电器产品漏电保护、电梯及各类设备等，也要保证使用者的安全。

　　（4）可靠性

　　是指工程在规定的时间和规定的条件下完成规定功能的能力，工程不仅要求在交工验收时要达到规定的指标，而且在一定的使用时期内要保持应有的正常功能。如工程上的防洪与抗震能力、防水隔热、恒温恒湿措施、工业生产用的管道防"跑、冒、滴、漏"等，都属可靠性的质量范畴。

　　（5）经济性

　　是指工程从规划、勘察、设计、施工到整个产品使用寿命周期内的成本和消耗的费用。工程经济性具体表现为设计成本、施工成本、使用成本三者之和，包括从征地、拆迁、勘察、设计、采购（材料、设备）、施工、配套设施等建设全过程的总投资和工程使用阶段的能耗、水耗、维护、保养乃至改建更新的使用维修费用。通过分析比较判断工程是否符合经济性要求。

（6）节能性

是指工程在设计与建造过程及使用过程中满足节能减排、降低能耗的标准和有关要求的程度。

（7）与环境的协调性

是指工程与其周围生态环境协调，与所在地区经济环境协调以及与周围已建工程相协调，以适应可持续发展的要求。

上述 7 个方面的质量特性彼此之间是相互依存的。总体而言，适用、耐久、安全、可靠、经济、节能与环境适应性，都是必须达到的基本要求，缺一不可。但是对于不同门类不同专业的工程，如工业建筑、民用建筑、公共建筑、住宅建筑、道路建筑，可根据其所处的特定地域环境条件、技术经济条件的差异，有不同的侧重面。

1.3.2　工程质量形成过程与影响因素

（1）工程建设阶段对质量形成的作用与影响

工程建设的不同阶段，对工程项目质量的形成起着不同的作用和影响。

① 项目可行性研究。项目可行性研究是在项目建议书和项目策划的基础上，运用经济学原理对投资项目的有关技术、经济、社会、环境及所有方面进行调查研究，对各种可能的拟建方案和建成投产后的经济效益、社会效益和环境效益等进行技术经济分析、预测和论证，确定项目建设的可行性，并在可行的情况下，通过多方案比较从中选择出最佳建设方案，作为项目决策和设计的依据。在此过程中，需要确定工程项目的质量要求，并与投资目标相协调。因此，项目的可行性研究直接影响项目的决策质量和设计质量。

② 项目决策。项目决策阶段是通过项目可行性研究和项目评估，对项目的建设方案做出决策，使项目的建设充分反映业主的意愿，并与地区环境相适应，做到投资、质量、进度三者协调统一。所以，项目决策阶段对工程质量的影响主要是确定工程项目应达到的质量目标和水平。

③ 工程勘察、设计。工程的地质勘察是为建设场地的选择和工程的设计与施工提供地质资料依据，而工程设计是根据建设项目总体需求（包括已确定的质量目标和水平）和地质勘察报告，对工程的外形和内在的实体进行筹划、研究、构思、设计和描绘，形成设计说明书和图纸等相关文件，为施工提供直接依据。

工程设计质量是决定工程质量的关键环节。工程采用什么样的平面布置和空间形式，选用什么样的结构类型，使用什么样的材料、构配件及设备等，都直接关系到工程主体结构的安全可靠，关系到建设投资的综合功能是否充分体现规划意图。在一定程度上，设计的完美性也反映了一个国家的科技水平和文化水平。设计的严密性、合理性也决定了工程建设的成败，是建设工程的安全、适用、经济与环境保护等措施得以实现的保证。

④ 工程施工。工程施工是指按照设计图纸和相关文件的要求，在建设场地上将设计意图付诸实现的测量、作业、检验，形成工程实体建成最终产品的活动。任何优秀的设计成果，只有通过施工才能变为现实。因此工程施工活动决定了设计意图能否体现，并直接关系到工程的安

全可靠、使用功能的保证，以及外表观感能否体现建筑设计的艺术水平。在一定程度上，工程施工是形成实体质量的决定性环节。

⑤ 工程竣工验收。工程竣工验收就是对工程施工质量通过检查评定、试车运转，考核施工质量是否达到设计要求；是否符合决策阶段确定的质量目标和水平，并通过验收确保工程项目质量。所以工程竣工验收对质量的影响是保证最终产品的质量。

（2）影响工程质量的因素

影响工程的因素很多，但归纳起来主要有五个方面，即人（Man）、材料（Material）、机械（Machine）、方法（Method）和环境（Environment），简称 4M1E。也有 5M1E 之说，增加了检测（Measurement）。

① 人。人是生产经营活动的主体，也是工程项目建设的决策者、管理者、操作者，工程建设的规划、决策、勘察、设计、施工与竣工验收等全过程，都是通过人的工作来完成的。人员的素质，即人的文化水平、技术水平、决策能力、管理能力、组织能力、作业能力、控制能力、身体素质及职业道德等，都将直接和间接地对规划、决策、勘察、设计和施工的质量产生影响，而规划是否合理，决策是否正确，设计是否符合所需要的质量功能，施工能否满足合同、规范、技术标准的需要等，都将对工程质量产生不同程度的影响。人员素质是影响工程质量的一个重要因素。因此，建筑行业实行资质管理和各类专业从业人员持证上岗是保证人员素质的重要管理措施。

② 材料。工程材料是指构成工程实体的各建筑材料、构配件、半成品等，它是工程建设的物质条件，是工程质量的基础。工程材料选用是否合理、产品是否合格、材质是否经过检验、保管使用是否得当等，都将直接影响建设工程的结构刚度和强度，影响工程外表及观感，影响工程的使用功能，影响工程的使用安全。

③ 机械。机械设备可分为两类：一类是指组成工程实体及配套的工艺设备和各类机具，如电梯、泵机、通风设备等，它们构成了建筑设备安装工程或工业安装工程，形成完整的使用功能；另一类是指施工过程中使用的各类机具设备，包括大型垂直与横向运输设备、各类操作工具、各种施工安全设施、各类器具等，简称施工机具设备，它们是施工生产的手段。施工机具设备对工程质量也有重要的影响。工程所用机具设备，其产品质量优劣直接影响工程使用功能质量。施工机具设备的类型是否符合工程施工特点，性能是否先进稳定，操作是否方便安全等，都将会影响工程项目的质量。

④ 方法。方法是指工艺方法、操作方法和施工方案。在工程施工中，施工方案是否合理，工艺是否先进，施工操作是否正确，都将对工程质量产生重大的影响。采用新技术、新工艺、新方法，不断提高工艺技术水平，是保证工程质量稳定提高的重要因素。

⑤ 环境。环境条件是指对工程质量特性起重要作用的环境因素，包括工程技术环境，如地质、水文、气象等；工程作业环境，如施工环境作业面大小、防护设施、通风和照明条件等；工程管理环境，主要指工程实施的合同环境与管理关系的确定，组织体制及制度等；周边环境，如工程邻近的地下管线、建（构）筑物等。环境条件往往对工程质量产生特定的影响。加强环境管理，改进作业条件，把握好技术环境，辅以必要的措施，是控制环境对质量影响的重要保证。

1.3.3　建设工程质量的特点

建设工程质量的特点是由建设工程本身和建设生产的特点决定的。产品具有固定性、多样性、寿命的长期性、高投入性和社会性等，生产具有生产的流动性、单件性、一次性、生产周期长和外部约束性等，决定了工程质量本身具备以下特点。

① 影响因素多。建设工程质量受到多种因素的影响，如决策、设计、材料、机械设备、施工方法、施工工艺、技术措施、人员素质、工期、环境等等，这些因素直接或间接地影响着工程项目质量。

② 质量波动大。建设工程产品生产特点及影响因素多决定了工程质量容易产生波动且波动大。如材料规格品种使用错误、施工方法不当、操作未按规程进行、机械设备过度磨损或出现故障、设计计算失误等，都会引发质量波动，产生质量变异，造成工程质量事故。

③ 质量隐蔽性。建设工程在施工过程中，分项工程交接多、中间产品多、隐蔽工程多，因此质量存在隐蔽性。所以需要加强工程施工过程的质量控制，一旦隐蔽，从表面上检查，就很难发现内在的质量问题，这样就会产生判断错误，即将不合格品误认为合格。

④ 终检的局限性。质量的隐蔽性也带来了终检的局限性，即不可能依靠终检来判断产品质量，或将产品拆、解体来检查其内在质量，因此，只能要求工程质量控制以预防和过程控制为主，防患于未然。

⑤ 评价方法的特殊性。工程质量是在施工单位按合格质量标准自行检查评定的基础上，由项目监理机构组织有关单位、人员进行检验确认验收。工程质量验收是按检验批、分项工程、分部工程、单位工程进行的。检验批的质量是分项工程乃至整个工程质量检验的基础。

1.3.4　工程质量控制的主体和原则

（1）工程质量控制主体

工程质量控制按其实施主体不同，分为自控主体和监控主体。前者是指直接从事质量职能的活动者，后者是指他人质量能力和效果的监控者，主要包括以下几个方面：

自控主体可以分为勘察单位、设计单位和施工单位；监控主体可以分为政府、建设单位、监理单位和社会舆论。

① 政府的工程质量控制。政府属于监控主体，它主要是以法律法规为依据，通过抓工程报建、施工图设计文件审查、施工许可、材料和设备准用、工程质量监督、工程竣工验收备案等主要环节实施监控。

② 建设单位的工程质量控制。建设单位属于监控主体，按工程质量形成过程，建设单位的质量控制包括建设全过程各阶段：决策阶段的质量控制、工程勘察设计阶段的质量控制和工程施工阶段的质量控制。

③ 监理单位的工程质量控制。监理单位属于监控主体，主要是受建设单位的委托，根据法律法规、工程建设标准、勘察设计文件及合同，制订和实施相应的监理措施，采用旁站、巡视、平行检验和检查验收等方式，代表建设单位在施工阶段对工程质量进行监督和控制，以满足建设单位对工程的要求。

④ 勘察设计单位的工程质量控制。勘察设计单位属于自控主体，它是以法律、法规及合同为依据，对勘察设计的整个过程进行控制，包括工作质量成果文件质量的控制，确保提交的勘察设计文件所包含的功能和使用价值，满足建设单位工程建造的要求。

⑤ 施工单位的工程质量控制。施工单位属于自控主体，它是以工程合同、设计图纸和技术

规范为依据，对施工准备阶段、施工阶段、竣工交付阶段等施工全过程的工作质量和工程质量进行控制，以达到施工合同文件规定的质量要求。

（2）工程质量控制原则

① 坚持质量第一的原则。建设工程质量不仅关系到工程的适用性和建设项目投资效果，更关系到人民群众生命财产的安全。要始终坚持以人民为中心，坚持人民至上、生命至上，在工程建设中建设相关方在进行投资、进度、质量三大目标控制时，在处理三者之间对立统一的复杂关系时，应始终坚持"百年大计，质量第一"的原则。

② 坚持以人为核心的原则。人是工程建设的决策者、组织者、管理者和操作者，各单位、各部门、各岗位人员的工作质量水平会直接和间接地影响着工程质量。因此，在工程质量控制中，要以人为核心，重点控制人的素质和人的行为，充分发挥人的积极性和创造性，使人的工作质量保证工程质量。

③ 坚持以预防为主的原则。工程质量控制应该是积极主动的，应事先对影响质量的各种因素加以控制，而不能是消极被动的，若出现质量问题再进行处理，不必要的损失就已经形成。因此，要重点做好质量的事先控制和事中控制，以预防为主，加强过程和中间产品的质量检查和控制。

④ 以合同为依据，坚持质量标准的原则。质量标准是评价产品质量的尺度，工程质量是否符合合同规定的质量标准要求，应通过质量检验并与质量标准对照。符合质量标准要求的才是合格，不符合质量标准要求的就是不合格，就必须按照有关规定进行处理。

推荐阅读

[1] 佘元冠，姚韬. 从三次工业革命看质量管理的发展与变迁[J]. 标准科学, 2014(04): 69-72.

[2] WECKENMANN A, AKKASOGLU G, WERNER T, Quality management–history and trends. The TQM Journal. 2015(27): 281-293.

[3] 电视纪录片《重返危机现场》第二季新加坡新世界酒店倒塌事件、第三季美国堪萨斯城凯悦酒店天桥倒塌事件、第三季韩国三丰百货店倒塌事件。

课后习题

1.【多选题】质量的概念经过了（   ）的动态演化过程。

A．符合性质量   B．适用性质量   C．广义质量

D．全面质量   E．大质量观

2.【单选题】（   ）是质量管理发展历史上一个非常重要的阶段，在定性分析的基础上引入定量分析，是质量管理科学走上成熟的标志。

A．质量检验阶段   B．统计质量控制阶段

C．全面质量控制阶段   D．事前事中控制阶段

3.【判断题】工程质量控制按其实施主体不同，分为自控主体和监控主体。自控主体可以分为政府、建设单位、监理单位和社会舆论；监控主体可以分为勘察单位、设计单位和施工单

位。（　　）

4.【问答题】什么是质量？什么是建设工程质量？

综合题

1. 根据推荐阅读材料[1]、[2]，总结质量管理发展的历程及趋势。

2. 探讨全面质量管理在我国建筑业中的应用。

第2章

质量管理体系

 学习目标

1. 熟悉质量管理体系标准；
2. 质量管理体系的建立、实施与认证；
3. 掌握质量管理的原则；
4. 质量管理体系的基础。

• **关键词：** 质量管理体系、七大质量管理原则、卓越绩效管理模式

 案例导读

【事故背景】2009 年 6 月 27 日上海市某小区 7 号楼一栋 13 层在建住宅楼发生整体性坍塌事故，造成 1 人死亡，直接经济损失 1900 余万元。

【原因分析】直接原因：楼房北侧在短期内堆土高达 10m，南侧正在开挖 4.6m 深的地下车库基坑，两侧压力差导致土体产生水平位移，楼房也出现了约 10cm 水平位移，对桩基（PHC 管桩）产生了较大的偏心弯矩，桩基破坏，房屋倾倒。间接原因：土方堆放不当、开挖基坑违反规定、管理不到位、监理失职、安全措施不到位、围护桩施工不到位等等。

【责任追究】作为工程建设方、施工单位、监理方的工作人员以及土方施工的具体实施者，6 名被告人在"莲花河畔景苑"工程项目的不同岗位和环节中，本应上下衔接、互相制约，却违反安全管理规定，不履行、不能正确履行或者消极履行各自的职责、义务，最终导致"莲花河畔景苑"7 号楼整体倾倒，1 人被压死亡和经济损失 1900 余万元的重大事故的发生。均已构成重大责任事故罪，且属情节特别恶劣，依法追究其刑事责任。

2.1 ISO 9000 族标准的产生和发展

2.1.1 ISO 机构简介

国际标准化组织（International Organization for Standardization，简称 ISO），缩写"ISO"源于希腊语，表示"平等""均等"之意。ISO 目前是世界上最大的国际标准化机构，属于非政府性国际组织，总部在瑞士日内瓦。ISO 机构宗旨是"在世界上促进标准化及其有关活动的发展，以便于国际物资交流和服务，并扩大在知识、科学、技术和经济领域中的合作。"1947 年 2 月 23 日 ISO 正式成立，并于 1951 年发布了第一个标准——工业长度测量用标准参考温度。

ISO 是一个由各国标准化机构组成的世界范围的联合会。根据该组织章程，每个国家只能有 1 个最具代表性的标准化团体作为其成员，为成员团体，具有投票权。对标准化感兴趣而本国又没有成员团体的国家团体，可以登记为无投票权的通信成员或注册成员。

2.1.2 ISO 9000 族标准的发展

ISO 为解决标准使用过程中出现的问题并考虑到标准未来的发展，充分满足顾客的需求，不断推陈出新，在发布了第一个版本的基础上，到目前为止已进行了四次修订，共计五个版本。

1986 年，ISO 发布了第一版的 ISO 9000 系列标准。核心标准包括：ISO 8402：1986、ISO 9000：1987、ISO 9001：1987、ISO 9002：1987、ISO 9003：1987、ISO 9004：1987 等标准，统称为 ISO 9000：1987 系列标准，是衡量企业质量管理活动状况的一项基础性的国际标准。

1994 年，ISO/TC 176 完成了对标准的第 1 次修改工作，提出了 ISO 9000 族标准的概念，1994 版的核心标准包括 ISO 8402、ISO 9000-1、ISO 9001、ISO 9002、ISO 9003 和 ISO 9004-1 等。

2000 年，ISO/TC 176 完成了对标准的第 2 次修改工作，发布了 2000 版的 ISO 9000 族标准。2000 版标准是对 1994 版的一次战略性换版。新版标准采用了以过程为基础的质量管理体系结构模式，这与 1994 版 ISO 9001 标准以 20 个要素为基础的结构模式完全不同。2000 版 ISO 9000 族核心标准变成 4 项，分别为 ISO 9000、ISO 9001、ISO 9004 和 ISO 19011。

2008 年，ISO/TC 176 完成了对标准的第 3 次修改工作，发布了第 2008 版的 ISO 9000 系列标准。2008 版与 2000 版 ISO 9000 系列标准基本保持一致，只是作了适当的进一步完善和补充，使其更具操作性和合理性。

2015 年，ISO/TC 176 完成了对标准的第 4 次修改工作，发布了 2015 版的 ISO 9000 系列标准。2015 版被认为是自 2000 年以来的首次重大改版，融入了全球用户和专家的反馈而进行的改版。

2.1.3 ISO 9000：2015 系列标准介绍

2015 版 ISO 9000 系列标准一些重要变化包括：①更加强调构建与各个组织特定需求相适

应的管理体系，强调个性化；②要求组织中的高层积极参与并承担责任，使质量管理与更广泛的业务战略保持一致；③对标准进行基于风险的通盘考虑，使整个管理体系成为预防工具并鼓励持续改进；④对文档化的规范要求简化，组织现在可以决定其所需的文档化信息以及应当采用的文档格式；⑤通过使用通用结构和核心文本与其他主要管理体系标准保持一致；⑥质量管理原则由原先的八项改为七项。

2015 版 9000 族标准包括：四个核心标准、一个支持性标准、若干个技术报告和宣传性小册子，如表 2-1 2015 版 ISO 9000 族核心标准所示。我国从 1992 年开始等同（idt）采用 ISO 9000系列各项标准，形成 GB/T 19000 系列标准。

表 2-1　2015 版 ISO 9000 族核心标准

序号	代码	中文名称
1	GB/T 19000—2015 idt ISO 9000：2015	质量管理体系　基础和术语
2	GB/T 19001—2015 idt ISO 9001：2015	质量管理体系　要求
3	GB/T 19004—2018 idt ISO 9004：2018	质量管理 组织质量 实现持续成功指南

（1）GB/T 19000—2016 idt ISO 9000：2015《质量管理体系　基础和术语》。

该标准起着理论基础、统一术语概念和明确指导思想的作用，具有很重要的地位。

标准给出了与质量管理体系有关的 13 类 138 个术语，用较通俗的语言阐明了质量管理所用术语的概念，统一了各国的标准使用者对标准内容的理解，为理解 ISO 9000 族标准奠定了基础。

（2）GB/T 19001—2016 idt ISO 9001：2015《质量管理体系　要求》。

该标准规定了质量管理体系的要求，取代了 2008 版的 ISO 9001 质量保证模式标准，成为用于审核和第三方认证的唯一标准。

标准可用于组织证实其有能力稳定地提供满足顾客要求和适用法律法规要求的产品，也可用于组织通过质量管理体系的有效应用，包括持续改进质量管理体系过程的有效应用，以及保证符合顾客和适用法律法规的要求，实现增强顾客满意的目标。

标准可用于内部和外部（第二方或第三方）评价组织提供满足组织自身要求、顾客要求、法律法规要求的产品的能力。

（3）GB/T 19004—2018 idt ISO9004：2018《质量管理 组织质量 实现持续成功指南》。

该标准为增强组织实现持续成功的能力提供了指南。即为广大组织超越认证要求，持续保持和提升自己满足顾客及其他相关方的需求和期望的综合能力，为实现长期持续成功，提供了一个良好而系统的框架和指南。也就是说，ISO 9001：2015 关注于为一个组织的产品和服务质量提供信任，而 ISO 9004：2018 则关注于为一个组织所具有的持续成功能力提供信任。

2.1.4　ISO 9001：2015 的总则

（1）质量管理体系的设计

采用质量管理体系应该是组织的一项战略性决策：一个健全的质量管理系统可以帮助组织提高其整体绩效和成为可持续发展计划不可分割的组成部分。一个组织质量管理体系的设计和实施受组织的背景及其背景变化的影响，特别是对于：

　① 组织的具体目标；

　② 组织的背景和目标相关的风险；

　③ 组织的顾客及其他利益相关方的需求和期望；

　④ 组织所提供的产品和服务；

　⑤ 组织采用的过程及其相互作用的复杂程度；

　⑥ 组织的人员或代表组织工作的人员能力；

　⑦ 组织的规模和组织结构。

　　一个组织的背景可以包括例如组织文化的内部因素和例如社会经济条件下组织运作的外部因素。但标准的所有要求是通用的，所以它们的应用方式可以在不同的组织里有所差异。因此，要统一不同质量管理体系的结构，或统一文件对齐本标准的条款结构，或强加要在组织内使用特定术语不是 ISO 9000 系列标准的目的。标准所规定的质量管理体系要求是对产品和服务要求的补充。

　　ISO 9000 系列标准能用于内部和外部评定组织满足顾客要求、适用于组织所提供的产品和服务的法律法规要求、适用于组织自身要求的能力和组织提升客户满意度的目的。

　　（2）过程方法

　　当活动被理解和作为一个连贯系统的功能相互关联的过程管理，可以实现更有效的一致性和可预测的结果。鼓励在建立、实施质量管理体系以及改进其有效性时采用过程方法，通过满足顾客要求增强顾客满意度。

　　过程方法应用系统的定义和过程管理以及其相互作用，从而达到与组织的质量方针和战略方向一致的预期结果。管理流程和系统作为一个整体可以通过使用一个"策划-实施-检查-处置"（PDCA）方法与全面关注"基于风险的思想"，从而达到防止出现不良结果的目的。

　　在质量管理体系中应用过程方法时，确保：

　① 理解和不断满足要求；

　② 从增值的角度考虑过程；

　③ 获得有效的过程绩效；

　④ 在数据和信息分析的基础上改进过程。

　　图 2-1 展示了 ISO 9001 标准第 4 章至第 10 章中提出的过程联系。该图反映了在规定组织需要满足其质量管理体系各个阶段的输入要求时，顾客起着重要的作用。此外是其他利益相关方的需求和期望在规定这些要求时也能够起作用。对顾客满意的监视，要求组织对顾客关于组织是否已满足其要求的感受的信息进行评价。图 2-1 的模式示意图虽覆盖了 ISO 9001 的所有要求，但却未详细地反映单个过程。各个过程和此体系作为一个整体，可以使用 PDCA 方法进行管理。

　　（3）PDCA 循环

　　PDCA 的方法可适用于所有过程和作为一个整体的质量管理体系。

　　P——计划：根据顾客的要求和组织的方针，为提供结果建立体系目标及其组成过程和所需的资源。

　　D——执行：实施策划的过程。

　　C——检查：根据方针、目标和要求，对过程和产品及服务的结果进行监视和在有需要的地方测量，并报告结果。

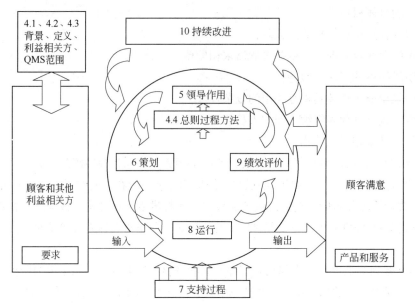

图 2-1　基于过程的质量管理体系模型
（数字表示 ISO 9001 中的条文）

A——处理：必要时，采取措施，以改进过程绩效。图 2-2 示意性地展示了质量管理体系内的单个过程如何使用 PDCA 环进行管理。

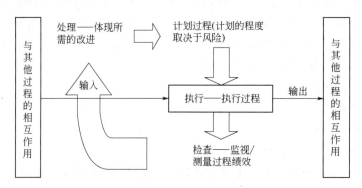

图 2-2　质量管理体系内的单个过程的示意图

（4）基于风险的思维

风险就是不确定性对预期结果的影响，并且基于风险的思维观念一直隐含在 ISO 9001 中，基于风险的思维明确，可使建立、实施、保持和持续改进质量管理体系的要求具体化。组织可以选择开发比 ISO 9000 要求更广泛的基于风险的方法，ISO 31000 提供了可以适合特定组织环境的正式风险管理指导方针。

并不是所有质量管理体系的过程都代表相同的风险水平，根据组织的能力实现其目标、过程结果、产品，服务或体系不合格对所有组织都是不一样的。对一些组织，交付不合格产品和服务的后果可以给顾客造成轻微的不便，对另外的组织，这种后果可以是深远和致命的。

因此，在定义严格和正式的"基于风险的思维"时，意味着考虑风险的定性（和依靠组织的背景定量）需策划和控制质量管理体系，以及它的组成过程和活动。

（5）与其他管理体系标准的相容性

ISO 9001 系列标准采用"高层次结构"（即：条款顺序、常见的文本和常见的术语，1 范围；2 规范性引用文件；3 术语和定义；4 组织情景；5 领导力；6 策划；7 支持；8 运行；9 绩效评价；10 改进，和 ISO 14001 等标准一样）由 ISO 制定，提高管理体系在国际标准中的一致性。

ISO 9001 系列标准不包括其他管理体系的特定要求，如环境管理、职业健康与安全管理或财务管理的特定要求。然而，ISO 9001 系列标准使组织能够使用过程方法，加上 PDCA 方法和基于风险的思维协调或整合自身的质量管理体系与其他的管理体系标准的要求是适合的。

2.1.5　七大质量管理原则

七大质量管理原则是 ISO 在管理实践经验的基础上，用高度概括的语言所表述的最基本、最通用的一般规律，可以指导一个组织在长期内通过关注顾客及其他相关方的需求和期望而改进其总体业绩。它是质量文化的一个重要组成部分。

为了确保质量目标的实现，ISO 质量管理体系明确了以下七项质量管理原则：

（1）以顾客为关注焦点

质量管理的主要关注点是满足顾客要求并且努力超越顾客期望。

理论依据：组织只有赢得和保持顾客和其他相关方的信任才能获得持续成功。与顾客互动的每个方面都提供了为顾客创造更多价值的机会。理解顾客和其他相关方当前和未来的需求有助于组织的持续成功。

主要益处：①增加顾客价值；②增强顾客满意；③增进顾客忠诚；④增加重复性业务；⑤提高组织声誉；⑥扩展顾客群；⑦增加收入和市场份额。

可开展的活动：①辨识从组织获得价值的直接和间接的顾客；②理解顾客当前和未来的需求和期望；③将组织的目标与顾客的需求和期望联系起来；④在整个组织内沟通顾客的需求和期望；⑤对产品和服务进行策划、设计、开发、生产、交付和支持，以满足顾客的需求和期望；⑥测量和监视顾客满意程度并采取适当的措施；⑦针对有可能影响到顾客满意的相关方的需求和适当的期望，确定并采取措施；⑧积极管理与顾客的关系，以实现持续成功。

（2）领导作用

各级领导建立统一的宗旨和方向，并且创造全员积极参与的环境，以实现组织的质量目标。

理论依据：统一的宗旨和方向的建立以及全员的积极参与，能够使组织将战略、方针、过程和资源保持一致，以实现其目标。

主要益处：①提高实现组织质量目标的有效性和效率；②组织的过程更加协调；③改善组织各层级和职能间的沟通；④开发和提高组织及其人员的能力，以获得期望的结果。

可开展的活动：①在整个组织内，就其使命、愿景、战略、方针和过程进行沟通；②在组织的所有层级创建并保持共同的价值观、公平以及道德的行为模式；③创建诚信和正直的文化；④鼓励全组织对质量做出承诺；⑤确保各级领导者成为组织人员中的楷模；⑥为人员提供履行职责所需的资源、培训和权限；⑦激发、鼓励和认可人员的贡献。

（3）全员参与

在整个组织内各级人员的胜任、被授权和积极参与是提高组织创造和提供价值能力的必要条件。

理论依据：为了有效和高效地管理组织，尊重并使各级人员参与是重要的。认可、授权和能力提升会促进人员积极参与实现组织的质量目标。

主要益处：①增进组织内人员对质量目标的理解并提高实现目标的积极性；②提高人员改进活动参与度；③促进个人发展、提高个人主动性和创造力；④提高人员的满意度；⑤增强整个组织内的相互信任和协作；⑥促进整个组织对共同价值观和文化的关注。

可开展的活动：①与员工沟通，以提升他们对个人贡献的重要性的理解；②推动整个组织内部的协作；③促进公开讨论，分享知识和经验；④授权人员确定绩效制约因素并大胆地采取积极主动措施；⑤认可和奖赏员工的贡献、学识和改进；⑥能够对照个人目标进行绩效的自我评价；⑦进行调查以评估人员的满意度、沟通结果并采取适当的措施。

（4）过程方法

只有将活动作为相互关联的连贯系统进行运行的过程来理解和管理时，才能更加有效和高效地得到一致的、可预知的结果。

理论依据：质量管理体系是由相互关联的过程所组成。理解体系是如何产生结果的，能够使组织优化其体系和绩效。

主要益处：①提高关注关键过程和改进机会的能力；②通过协调一致的过程体系，得到一致的、可预知的结果；③通过过程的有效管理、资源的高效利用及跨职能壁垒的减少，获得最佳绩效；④使组织能够向相关方提供关于其稳定性、有效性和效率方面的信任。

可开展的活动：①规定体系的目标和实现这些目标所需的过程；②确定管理过程的职责、权限和义务；③了解组织的能力，并在行动前确定资源约束条件；④确定过程相互依赖的关系，分析每个过程的变更对整个体系的影响；⑤将过程及其相互关系作为体系进行管理，以有效和高效地实现组织的质量目标；⑥确保获得运行和改进过程以及监视、分析和评价整个体系绩效所需的信息；⑦管理能影响过程输出和质量管理体系整个结果的风险。

（5）改进

成功的组织持续关注改进。

理论依据：改进对于组织保持当前的绩效水平，对其内、外部条件的变化做出反应并创造新的机会都是极其重要的。

主要益处：①改进过程绩效、组织能力和顾客满意；②增强对调查和确定根本原因及后续的预防和纠正措施的关注；③提高对内外部的风险和机遇的预测和反应的能力；④增加对渐进性和突破性改进的考虑；⑤加强利用学习实现改进；⑥增强创新的驱动力。

可开展的活动：①促进在组织的所有层级建立改进目标；②对各层级员工在如何应用基本工具和方法方面进行培训，以实现改进目标；③确保员工有能力成功地筹划和完成改进项目；④开发和展开过程，以在整个组织内实施改进项目；⑤跟踪、评审和审核改进项目的计划、实施、完成和结果；⑥将改进考虑因素融入新的或变更的产品、服务和过程开发之中；⑦认可和奖赏改进。

（6）循证决策

基于数据和信息的分析和评价的决定，更有可能产生期望的结果。

理论依据：决策是一个复杂的过程，并且总是包含一些不确定性。它经常涉及多种类型和来源的输入及其解释，而这些解释可能是主观的。重要的是理解因果关系和可能的非预期后果。对事实、证据和数据的分析可使决策更加客观和可信。

主要益处：①改进决策过程；②改进对过程绩效和实现目标的能力的评估；③改进运行的有效性和效率；④提高评审、挑战以及改变意见和决定的能力；⑤提高证实以往决定有效性的能力。

可开展的活动：①确定、测量和监视证实组织绩效的关键指标；②使相关人员获得所需的所有数据；③确保数据和信息足够准确、可靠和安全；④使用适宜的方法分析和评价数据和信息；⑤确保人员有能力分析和评价所需的数据；⑥依据证据，权衡经验和直觉进行决策并采取措施。

（7）关系管理

为了持续成功，组织管理其与有关的相关方（如供方）的关系。

理论依据：有关的相关方影响组织的绩效。当组织管理其与所有相关方的关系以使相关方对组织的绩效影响最佳时，才更有可能实现持续成功。对供方及合作伙伴的关系网的管理是尤为重要的。

主要益处：①通过对每一个与相关方有关的机会和制约因素的响应，提高组织及其相关方的绩效；②在相关方中对目标和价值观有共同的理解；③通过共享资源和能力以及管理与质量有关的风险，提高为相关方创造价值的能力；④具有管理良好、可稳定提供产品和服务流的供应链。

可开展的活动：①确定有关的相关方（如供方、合作伙伴、顾客、投资者、雇员或整个社会）及其与组织的关系；②确定并对优先考虑需要管理的相关方的关系；③建立权衡短期利益和考虑长远因素的关系；④收集并与有关的相关方共享信息、专业知识和资源；⑤适当时，测量绩效并向相关方提供绩效反馈，以增强改进的主动性；⑥与供方、合作伙伴及其他相关方确定合作开发和改进活动；⑦鼓励和认可供方与合作伙伴的改进和成绩。

2.2　质量管理体系的建立与实施

一般来说，按 ISO 9001 或 GB/T 19001 建立和运行质量管理体系的步骤包括策划与准备、建立与实施、评价及改进三个阶段。

2.2.1　质量管理体系的策划与准备过程

质量管理体系的建立和运行涉及组织的各个层次、所有员工，所以要做好系统策划和全员参与的准备工作。

（1）质量管理体系的策划

一般包括：制订质量方针；制订质量目标；识别质量管理体系的各个过程及其关系；在过程识别的基础上，明确每个过程的归口管理部门及其职责、权限以及沟通方式，为确定管理程序及编制质量管理体系文件奠定基础。

（2）质量管理体系的准备工作

质量管理体系的准备工作包括：教育培训，统一思想。对全员进行 ISO 9000 质量管理体系知识进行培训，了解 ISO 9000 族标准要求，更新观念。动员全体员工参与质量管理体系相关工作。建立组织机构，为贯彻质量管理体系标准提供组织保障。制订工作计划，明确每一个阶段的工作目标、内容、责任部门和时间节点，保障各项工作衔接有序。培养专门人才，尤其是对拟参与过程识别、质量文件编制、管理体系内审等员工进行专门培训。

2.2.2 质量管理体系的建立与实施过程

（1）质量管理体系文件的编写

质量管理体系文件具有重要作用，它可以沟通意图、统一行动，有助于保证各项活动的重复性和可追溯性，并提供产品符合要求、过程管理规范的客观证据，因此"成文信息（即形成文件的信息）"是质量管理体系建立和实施的重要基础。为增强组织的自主性和灵活性，相对以往的版本，2015 版 ISO 9001 标准进一步弱化了文件编写的强制要求，文件的多少、详略程度可以由组织自己结合自身的特点决定，以过程受控和满足需求为标准。

一般来说，质量管理体系文件包括质量手册（含质量方针、质量目标）、程序文件、作业指导书三个层次（非标准规定要求）。

① 质量手册：是对组织质量管理体系进行总体描述的文件。对内，可以规范质量管理体系的总体活动安排和过程接口职能分工等；对外，可以显示质量管理体系的存在，让人们初步了解组织的质量保障能力。手册内容通常包含质量方针、质量目标、有关术语、组织概况及质量管理体系覆盖的范围、主要过程职责权限分配、相关记录要求等。

② 程序文件：程序是为了进行某项活动或过程所规定的途径，包含程序的文件被称作程序文件。程序文件是质量体系标准的习惯叫法，在 2015 版 ISO 9001 标准中已经取消了这个说法，而变成了更加概括性的"文件化信息"。程序文件通常包括活动的目的、范围、职责权限、工作程序、相关文件、记录、附录等。

③ 作业指导书：是指导一个具体过程或活动如何实施的文件，是程序文件的细化和补充，主要用于阐明具体的工作方法和要求（如工艺标准检验规程图纸、样板等），其内容通常包括作业名称、作业的资源条件、作业的标准、作业的方法与步骤、作业管理要点与注意事项、安全环保要求应急准备与响应等。

文件编制过程，既是落实标准要求的过程，也是对原有活动进行规范和完善的过程。因此，对组织来说是个重要的增值过程。

（2）质量管理体系的实施

文件编制完成后，质量管理体系的各项活动要在整个组织内系统有序地展开。可采用如下步骤：

① 实施准备：包括宣贯培训及资源准备。要使全体员工知道组织的质量方针、目标，明确自己的岗位职责及工作要求；同时还要检查质量体系运行所需资源，如体系文件及记录表格是否发放到位，人力资源配备是否能够胜任部门/岗位职责要求，基础设施、设备能力及工作环境是否满足过程要求等。有些企业为了保证质量管理体系运行成功，还会在文件编写完成后进行一段试运行，为正式实施质量管理体系做准备。

② 贯彻实施：是指正式发布管理体系，按策划形成的管理制度、程序等，系统地开展组织的质量管理活动。此阶段重点是运行控制，组织要严格执行体系的各项规范要求，并按照 PDCA 模式，做好监测和测量工作，注意收集体系符合性、有效性的证据，遇到问题及时采取改进措施，使质量管理体系各项活动协调进行，保证质量目标的实现。

2.2.3 质量管理体系的评价及持续改进

质量管理体系的运行效果，可通过顾客满意程度的测量产品和服务过程符合要求的情况以及过程受控情况等来衡量，同时，还要通过质量管理体系内部审核、管理评审对质量管理体系进行全面、系统的评价，以促进其持续地满足要求，并得到不断改进。

① 质量管理体系内部审核，是在质量管理体系运行的一定阶段对质量管理体系的适用性、符合性和有效性进行的检查。

② 管理评审是由最高管理者主持，各职能部门领导参加，针对质量管理体系有关各方面的信息进行分析评审，对质量管理体系持续的适宜性、充分性和有效性进行评价的管理活动。管理评审按计划的时间间隔（一般不超过 12 个月）进行。管理评审的输入包括：审核的结果、顾客反馈、主要过程的业绩表现、产品符合性预防和纠正措施的现状及改进的结果、以往管理评审所确定的措施的实施情况及效果的跟踪、可能影响质量管理体系的各种变更等。管理评审的输出应包括：质量管理体系及其过程有效性改进的决定和措施、与顾客要求有关的产品改进的决定和措施资源需求的决定和措施等。

管理评审和内审是体系重要的持续改进机制，针对内审和管理评审识别出的问题和改进空间，组织均需制订计划，采取相应的措施，对体系实施改进，并对改进效果进行跟踪，确保质量管理体系持续的适宜性、充分性和有效性。

2.2.4 企业质量文化建设

质量文化是企业开展质量提升的软环境，是员工践行质量价值观和提高凝聚力的有效保证。质量是品牌的根基和内核，品牌是产品质量的枝叶和外在表现。质量文化建设和品牌管理，都是全面质量管理的工作内容，企业必须重视这两项工作。

（1）质量文化

20 世纪 90 年代，美国质量界最先提出质量文化概念。进入 21 世纪后，质量文化越来越受到各界的关注，许多质量专家都从不同角度解读质量文化。由中国质量协会牵头起草的《企业质量文化建设指南》（GB/T 32230—2015）国家标准，对"质量文化"作出如下定义：**企业和全体成员所认同的关于质量的理念与价值观、习惯与行为模式、基本原则与制度以及其物质表现的总和。**

企业质量文化是企业在长期的生产经营活动中逐渐形成的，它包括一系列质量精神、质量意识、质量道德观、质量行为准则，相应的质量态度、习惯和行为模式，以及有关质量的制度、标准、程序、规范等，也包括企业的产品质量、服务质量和各项工作质量等物质表现，是它们的总和。优秀的质量文化能够引导企业走质量经营道路，实现卓越的经营绩效，是企业重要的软实力。

质量文化是企业文化的重要组成部分，是为实施质量经营提供有效支持的那一部分企业文化，企业文化应以质量为导向。质量文化可与企业文化互相融合、互相促进，企业运用广义质量概念时，质量文化趋近于企业文化。企业的使命、愿景、价值观是企业文化的核心要素，它们决定了质量文化的发展方向。质量文化建设的实质在于优化和提升企业文化。

要使组织成员普遍养成良好的质量行为和习惯，其基本手段只能是塑造良好的质量文化，达到以文化人、文化自觉的目的。

实践证明，要提高我国产品质量的总体水平，除了要拥有先进、创新的专业技术外，还需要大力提高质量管理水平，其中包括要创造有利于提升质量的软环境，这种环境可分为宏观与微观两个层面。在宏观层面，需要在各级政府的指导与部署下，在全社会培育一种能够充分重视、关心和支持质量的浓厚氛围；在微观层面，对质量负有主体责任的各个企业需要对质量管理实施两手抓，既要重视基于先进质量方法的应用，加强侧重于规范化、标准化的制度管理，又要重视基于以人为本，能够有效促进员工自觉追求质量、追求完美的质量文化管理，将质量文化建设作为质量管理不可或缺的工作。

（2）质量文化建设

《企业质量文化建设指南》（GB/T 32230）中**企业质量文化建设是指企业为创建、培育、发展和优化质量文化，自觉并有意识、系统地对自身的质量文化进行策划定位、组织管理、系统推进和测量、评价与改进等一系列活动和过程。**

质量文化建设是一项系统工程，企业开展质量文化建设的目的，是通过塑造企业员工以质量为核心的共有价值观，提高员工的质量意识，在企业内部形成一种重视质量的文化氛围，提高员工的工作积极性和工作质量，进而提高产品和服务质量，增强企业竞争力。

① 实施以人为本的质量管理。质量文化建设首先是要让企业的质量管理体现以人为本，要在质量管理活动中注重人的因素，通过对员工人性的尊重，关爱员工，促进员工发展，提高员工的满意度，有助于调动员工的积极性、主动性和创造性，释放他们的潜能，从而确保组织的质量管理活动能够有效、高效地达到预期的目标和结果。

② 创造提升质量的软环境。通过营造持续改进、追求卓越的良好氛围和机制，能够提升全体成员的质量意识，确保企业及其成员始终将追求卓越质量作为行为准则，激发员工主动参与质量改进的热情，帮助组织不断提高产品和服务质量，更好地服务于顾客和其他相关方，从而为所有利益相关方创造更大的价值，最终提升企业的质量竞争力。

③ 促进企业的持续发展。质量文化建设是现代质量管理不可或缺的组成部分，加强质量文化建设是新时期质量的战略地位决定的，是从战略层面系统提升质量的需要，质量文化建设关系到企业的可持续发展，优秀的质量文化是企业走向成功的基石、永续经营的基因。

④ 促进员工成长和实现自我价值。质量文化建设突出以人为本，既能帮助员工养成良好的质量行为和习惯，提高员工的职业素养，又能让员工从情感和理智上认同、从行为和习惯上践行企业的质量价值观，主动自觉地追求高质量，并从工作中实现个人的自身价值。

质量文化是现代质量管理不可或缺的组成部分，企业对质量文化建设的关注，标志着企业的质量管理进入一个新的历史时期。

2.2.5 品牌管理

（1）品牌及其构成要素

很长一段时间以来，人们对品牌的认识往往只局限于市场营销活动，而忽略了品牌实际上是一个综合性概念，工业和信息化部在《品牌培育管理体系实施指南》中指出，**品牌是能为组织带来溢价、产生增值的一种无形资产。**品牌的载体是与其他竞争者的产品相区分的名称、名词、符号、设计等或者它们的组合。在本质上代表组织对交付给顾客的产品特征、利益和服务的一贯性承诺。

品牌的形成需要许多不可缺少的基础要素，而且缺一不可。品牌、技术创新、社会责任、企业信誉、产品质量相当于一个层层包裹的沙堆，依次从外到内进行包裹，品牌是最外层，沙堆的内层是消费者不能直接感觉到的，却支撑着外层品牌。质量是品牌的根基，高质量的产品有助于企业开拓市场、树立良好的品牌形象，并在消费者中保持良好的口碑。

信誉是一个企业长期积累的结果，反映了企业向消费者提供有价值产品和服务的能力和诚意。企业长期讲诚信、讲信誉，消费者把自己对品牌的每一分认知、每一次接触和体验积累叠加到一起，形成对一个品牌的综合印象。

企业的社会责任是企业品牌建设的重要内容，这是消费者和社会的要求，也是企业生存的必要条件。越来越多的企业在品牌建设方面的路径，正在由传统的广告方式转型为履行社会责任的方式，即通过积极主动地履行社会责任来塑造企业形象，再造企业文化，并由此打造企业品牌影响力，从而实现从打造商业品牌向打造社会化品牌的转变。

技术创新是品牌的精髓所在。技术创新能保证品牌在本质上不同于其他产品，随着科技革命和知识经济的发展，竞争日益激烈，新技术不断涌现，产品的生命周期不断缩短，没有强大的科研力量做后盾，不把握好市场变化，不去推出领先竞争对手的产品，品牌是无法在市场上长存的。

总之，产品质量、企业信誉、社会责任、技术创新等要素就是形成品牌的基础，是形成知名品牌的必要条件，企业不能忽视品牌自身的特点和规律，企业需要开展从战略层面出发全面有效的品牌管理工作。

（2）全面品牌管理

所谓全面品牌管理（Total Brand Management，TBM)，是指企业围绕其战略，以顾客和市场为中心，以为利益相关方持续创造价值和提升品牌资产为目标，以全员参与为基础，以构建覆盖企业产品形成各过程和品牌生命周期的品牌管理体系为手段，以企业全方位参与品牌管理活动为依托，对企业各类品牌进行系统化的创建、管理、维护、经营、更新等一系列决策和管理活动。全面品牌管理，既是品牌管理发展到新阶段的必然趋势，也是中国企业在探索品牌管理实践过程中的一种创新。近两年的实践证明，这种体系化的品牌管理模式，对全体员工提高品牌意识、加强品牌规划和决策、全面建立品牌管理制度、开展品牌传播等发挥了重要作用。

较之以往的品牌管理，全面品牌管理广泛继承了其管理理念和方法，是对以往品牌管理的完善和补充，其差异主要体现在"全面""系统"上。具体来说，全面品牌管理具有"全员、全过程、全方位和系统化"的特点。企业开展品牌管理，必须满足这"三全一化"的要求。

2.3 卓越绩效管理模式

近年来，许多国家和地区通过设立质量奖的方式来激励、引导各类组织通过质量来提升竞争力。目前全世界共有六十多个国家和地区实施了质量奖计划，其中较为著名、影响较大的是美国 1987 年设立的波多里奇国家质量奖、欧洲 1991 年设立的质量奖和日本 1951 年设立的戴明奖。这三大质量奖制度，既推动了本国企业质量竞争力的提高，又带动了多个国家和地区结合当地企业的质量管理特点和发展趋势，建立了自己的质量奖制度。我国于 2001 年也启动了全国质量管理奖，影响力日益增强。

2.3.1　国家质量奖

（1）美国波多里奇质量奖

1987 年，美国创立波多里奇国家质量奖，以表彰在质量管理和提高竞争力方面做出杰出成绩的美国组织。该奖由隶属于美国商务部技术署的国家标准和技术研究院（NIST）负责管理，其行政事务由美国质量学会（ASQ）承担。

该奖的评价标准 *The Baldrige criteria for performance excellence*（《卓越绩效准则》）每两年更新一次，以反映管理实践的前沿创新和变革。比如，以商业和非营利组织为例，2015—2016 版强化了三个关键主题：变革管理、大数据及气候变化；2017—2018 版强化网络安全和企业风险管理；2019—2020 版强调商业生态系统、供应网络、组织文化和网络安全。目前实施的是2021—2022 版，强调了组织弹性、创新、多样性、公平性和包容性、数字化与第四次工业革命。

波多里奇质量奖最初主要是针对制造型企业、服务型企业和小企业，每年评审一次，每种奖项最多颁发给 2 个获奖者（后来改为最多可有 3 个获奖者）。1998 年延伸至教育类组织，1999年扩展到医疗保健类组织，2006 年延伸至非营利组织，形成制造业、服务业、小企业、教育、医疗卫生和非营利组织六大奖项。奖项可空缺，也可多次获奖。

在美国，每年获得该奖的组织只有几家，申报该奖的却有几十家，但实践中却有几十万家组织采用该奖标准进行自我评价和改进。这一评价标准成为传播最广泛、影响力最大的卓越绩效准则，影响着世界上许多国家和地区的质量奖标准的制定，或参考或引用，或直接采用这一标准。基于此，波多里奇质量奖也成为全球影响力最大的质量奖项。

（2）欧洲质量奖

1988 年，欧洲 14 家大公司发起成立了欧洲质量管理基金会（EFQM），强调质量管理在所有活动中的重要性，把促成开发质量改进作为企业达成卓越的基础，从而增强欧洲企业的效率和效果。1992 年，欧洲质量基金会、欧洲委员会和欧洲质量组织共同发起了欧洲质量奖。

2006 年 EFQM 将欧洲质量奖改名为"EFQM 卓越奖"，用以强调其对组织整体卓越绩效的追求。2017 年更名为"EFQM 全球卓越奖"，申报组织扩展至欧洲以外获得 EFQM 直接认可的五星级卓越组织。卓越奖包括卓越奖、单项奖和入围奖三个等级。

（3）日本戴明奖

为促进日本质量管理的发展，1951 年设立了戴明奖，最初是为了鼓励企业界采用统计质量控制（SQC）从事质量改进活动。1960 年，将 SQC 改为 TQC，强调质量、全员参与和改进。1996 年起从 TQC 变为 TQM。

戴明奖是世界上最早创建、具有高知名度的质量奖项。戴明奖的类别包括：针对个人或小组的戴明奖本奖，海外普及与推广功劳奖，以及表彰企业和组织的戴明奖（原戴明实施奖）。2012 年还设立戴明奖大奖，组织在获得戴明奖 3 年后可申请。戴明实施奖是跨国界、非竞争性的奖项，每一个申请组织都有可能获奖。2014 版的戴明实施奖评价准则由基本事项、特色活动和领导职能及领导力的发挥三部分构成，关注高层领导作用顾客驱动、系统性、TQM 实践等方面，体现了其崇尚简洁、注重实效的传统。

（4）我国的全国质量奖

在政府主管部门的指导支持下，**中国国家质量协会**根据我国《中华人民共和国产品质量法》的有关条款及中国质量协会的理事会决议，于 2001 年启动了全国质量管理奖（2006 年更名为"全国质量奖"）计划。2004 年国家质检总局和中国标准化管理委员会联合发布了国家标准《卓越绩效评价准则》（GB/T 19580）和《卓越绩效评价准则实施指南》（GB/Z 19579）指导性技术文件，2012 年 GB/T 19580 和 GB/Z 19579 同时换版。2005 年起全国质量奖以《卓越绩效评价准则》国家标准为评价准则（详见 2.4 节）。

截至 2022 年，我国已经举办了 20 届全国质量奖的评审工作，经过多年的努力与坚持，全国质量奖评审活动更加科学、规范、严谨，国内外影响力日益增强，成为与美国波多里奇国家质量奖、欧洲 EFQM 卓越奖日本戴明奖齐名的国家级全国性质量奖项，并与美国波多里奇国家质量奖、欧洲 EFQM 卓越奖一道，构成全球基于卓越绩效模式的三大质量奖。

2.3.2　卓越绩效管理模式

我国《卓越绩效评价准则》国家标准（GB/T 19580—2012）指出，卓越绩效是指"通过综合的组织绩效管理方法，为顾客、员工和其他相关方不断创造价值，提高组织整体的绩效和能力，促进组织获得持续发展和成功"。

卓越绩效模式是全面质量管理的实施框架，是对以往全面质量管理实践的标准化、条理化和具体化，是全球公认的质量经营模式。作为一种可重复使用的绩效管理和持续改进的系统方法，得到了越来越广泛的关注和应用。通过设立质量奖，引导和激励组织追求卓越，开展卓越绩效自评和质量奖评价，促使各类组织形成以技术标准品牌质量、服务为核心的竞争新优势，并将成功的经验进行分享，促进经济的高质量发展。

在当今企业经营环境愈加复杂、竞争日益加剧的形势下，实施卓越绩效模式已成为各国推动企业提高竞争力、实施持续发展与成功的一种有效途径。

卓越绩效管理模式的主体内容包括三个方面：①卓越绩效的基本理念，是建立和实施、评价卓越绩效体系的根本原则。②卓越绩效评价准则，给出了卓越绩效体系的总体框架和具体要求，是建立和评价卓越绩效体系的依据。③卓越绩效评分系统，是对卓越绩效体系进行评价的方法指南。

（1）卓越绩效管理模式的基本理念

① 强调"大质量"观。卓越绩效标准作为质量管理奖的评审标准，其中质量的内涵不仅限于产品、服务质量，而是强调"大质量"的概念，由产品、服务质量扩展到工作过程、体系的质量，进而扩展到企业的经营质量。产品、服务质量追求的是满足顾客需求，赢得顾客和市场；经营质量追求的是企业综合绩效和持续经营的能力。产品、服务质量好，不等于经营质量一定好，但产品、服务质量是经营质量的核心和底线。卓越绩效标准对企业从领导力、战略、以顾客和市场为中心、测量分析和知识管理、以人为本、过程管理等方面提出了系统的要求，最终落实到企业的经营结果，是当今国际上公认的质量经营标准。

② 关注竞争力提升。实施卓越绩效标准的目的，在于提升企业和国家的竞争能力，因此其特别关注企业的比较优势和市场竞争力。例如：企业在进行战略策划时，强调注重对市场和竞争对手的分析、能在市场竞争中取胜的战略目标和规划；在评价绩效水平时，不仅要与自己原有水平和目标比，而且强调要与竞争对手比、与标杆水平比，在比较中识别自己的优势和改进

空间，增强企业的竞争意识，提升企业的竞争能力。

③ 提供了先进的管理方法。卓越绩效标准不仅反映了现代经营管理的先进理念和实现卓越绩效的框架，而且提供了许多可操作的管理方法，有助于提高企业管理的效率。例如：提升组织领导力的方法；基于全面分析的战略制定和展开方法；评价绩效水平和组织学习的"水平对比法"，从市场和顾客的角度评价企业产品、服务质量的"顾客满意度、顾客忠诚度测量"方法；确定企业关键绩效指标体系；员工绩效管理的"平衡计分卡"；促进员工效率提高的"员工权益满意度测量"等方法。

④ 聚焦于经营结果。卓越绩效标准强调结果导向，非常关注企业经营的绩效，"经营结果"一项在标准分 1000 分中占到 40%～45%。但标准中所指的"绩效"不只是利润和销售额，其中还包括了顾客满意、产品和服务、财务和市场、人力资源、组织有效性和社会责任等 6 个方面的综合绩效，充分考虑到企业的顾客、股东、员工、供应商、合作伙伴和社会等相关方利益平衡，以保证企业的可持续发展。

⑤ 是一个成熟度标准。卓越绩效标准不同于 ISO 9000 质量管理体系的符合性评价，而是一个基于目标的诊断式评价，是一种管理成熟度评价。它不是规定了企业应达到的某一水平，而是引导企业持续改进，不断完善和趋于成熟，永无止境地追求卓越。据资料介绍，获得美国国家质量奖的企业得分在 650～750 分的水平，而我国获奖企业水平是在 500～650 分之间。

（2）《卓越绩效评价准则》的框架内容

《卓越绩效评价准则》的框架内容主要由领导，战略，顾客与市场，资源，过程管理，测量、分析与改进以及经营结果七个类目构成。其中，前六个是过程类目，最后一个是结果类目，共同构成了一个引导组织追求卓越的系统模式。其结构模式如图 2-3 所示。

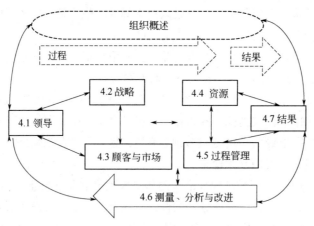

图 2-3   《卓越绩效评价准则》的结构模式

其中的逻辑关系为：

① 在结构模式图中，4.1～4.6 是有关过程的类目，4.7 是有关结果的类目。过程的目的是获取结果，而结果是通过过程得出的，并为过程的创新提供目标。

② "领导"掌握着组织的发展方向，并密切关注着"经营结果"，为组织寻找发展机会。

③ "领导""战略"与"顾客与市场"构成了"领导作用"角，是驱动力；"资源""过程管理"与"结果"构成了"资源、过程和结果"角，是从动的。而"测量、分析与改进"是连接两个三角的"链条"，转动着 PDCA 循环。

（3）《卓越绩效评价准则》评分系统

在七个类目之下，准则要求还细分为 23 个评分条款，设定总分为 1000 分，条款的具体内容和赋予分值如表 2-2 所示。准则的总分为 1000 分，其中经营绩效占 40%～45%，一般来说要超过 600 分才算基本建立了卓越绩效模式。

表 2-2　GB/T 19580—2012《卓越绩效评价准则》内容展开与分值分布

4.1 领导（110）	4.4.6 基础设施（10）
4.1.2 高层领导的作用（50）	4.4.7 相关方关系（10）
4.1.3 组织治理（30）	4.5 过程管理（100）
4.1.4 社会责任（30）	4.5.2 过程的识别与设计（50）
4.2 战略（90）	4.5.3 过程的实施与改进（50）
4.2.2 战略制定（40）	4.6 测量、分析与改进（80）
4.2.3 战略部署（50）	4.6.2 测量、分析和评价（40）
4.3 顾客与市场（90）	4.6.3 改进与创新（40）
4.3.2 顾客和市场的了解（40）	4.7 结果（400）
4.3.3 顾客关系与顾客满意（50）	4.7.2 产品和服务结果（80）
4.4 资源（130）	4.7.3 顾客与市场结果（80）
4.4.2 人力资源（60）	4.7.4 财务结果（80）
4.4.3 财务资源（15）	4.7.5 资源结果（60）
4.4.4 信息和知识资源（20）	4.7.6 过程有效性结果（50）
4.4.5 技术资源（15）	4.7.7 领导方面的结果（50）

针对过程类评分条款，所采用的评价方法是按"方法-展开-学习-整合"（Approach-Development-Learning-Integration，ADLI）四个要素来评价组织过程的成熟度。

针对结果类评分条款，所采用的评价方法是按"水平-趋势-对比-整合"（Levels-Trends-Comparsions-Integration，LeTCI）四个要素来评价组织绩效结果的成熟度。

卓越绩效准则是一个以结果为导向的经营管理系统。卓越的结果，是在重要的利益相关方、长短期目标之间平衡的结果，是依靠组织有效的领导、战略、顾客导向，科学的资源配置、过程管理，获得的有竞争力的、环境友好的结果，并通过持续改进机制的建立，追求组织的长期成功。

2.4　建设工程质量奖

（1）中国质量奖

2012 年经中央批准的由国家市场监督管理总局主办的政府在质量管理领域授予相关组织和个人的最高荣誉。中国质量奖旨在推广科学的质量管理制度、模式和方法，促进质量管理创新，传播先进质量理念，激励引导全社会不断提升质量，建设质量强国。**中国质量奖分为中国质量奖和中国质量奖提名奖**，评选周期为 2 年。中国质量奖名额每届不超过 10 个组织和个人，中国质量奖提名奖名额每届不超过 90 个组织和个人。按照《中国质量奖管理办法》，中国质量奖评选包括自愿申报、形式审查、材料评审、专家审议、陈述答辩、现场评审、专家委员投票、国家市场监督管理总局核定、报国务院批准等环节。对申报组织的评审以国务院《质量发展纲要（2011—2020 年)》规定为主要依据，包括对候选组织的基本情况评审、关键指标评审和否决事项评审三个部分。

新版《中国质量奖管理办法》自 2021 年 5 月 1 日起施行。截至 2022 年，已经成功举办了四届。已有海尔、中国航天科技集团（第一届，共 2 家组织)，华为、中建一局等（第二届，共 9 家组织)，格力、中铁大桥局等（第三届，共 9 家组织)，美的、中铁工程装备集体等（第四届，共 9 家组织）知名企业获奖。

（2）全国质量奖

全国质量奖由中国质量协会承办，2001 年设立，包括组织类、项目类（卓越项目奖)、团队类（全国优秀质量管理小组）和个人类（中国杰出质量人、中国质量工匠）四类奖项组成。截至 2022 年，已经成功举办了 20 届。

① 组织奖项面向国民经济行业中各类组织。组织奖根据组织管理成熟度水平分为全国质量奖、全国质量奖提名奖、实施卓越绩效先进组织。组织奖评审标准采用《卓越绩效评价准则》(GB/T 19580—2012）国家标准。标准从领导，战略，顾客与市场，资源，过程管理，测量、分析与改进以及结果七个方面明确了对组织的评价要求。其中全国质量奖的获奖组织数量原则上每届不超过 20 家❶。

② 卓越项目奖面向航空航天、电子信息、高端装备制造、生物医药、新材料及应用、节能环保与资源综合利用、新能源、现代交通、城市建设与社会发展、新型基础设施等各类重大项目。根据项目管理成熟度分为卓越项目奖、卓越项目奖提名奖，卓越项目奖评审采用《全国质量奖卓越项目奖评审标准》(2015 年)。标准从领导、过程和结果三个方面明确了对项目的评价要求。其中卓越项目奖的获奖数量原则上不超过 10 个❷。

③ 个人奖是全国质量奖的个人类奖项，设"中国杰出质量人"和"中国质量工匠"两项。中国杰出质量人授予对我国质量事业有突出贡献的企业家、质量专家以及质量工作推进者，每届获奖者原则上不超过 10 人；中国质量工匠授予恪守职业道德、崇尚精益求精，在本职岗位上为质量提升做出非凡努力，取得突出成绩的各行业一线工作者，每届获奖者原则上不超过 20 人。

（3）国家优质工程奖

国家优质工程奖设立于 1981 年，是经国务院确认的我国工程建设领域设立最早，规格最高，跨行业、跨专业的国家级质量奖，对获奖项目中特别优秀的授予国家优质工程金质奖荣誉。**国家优质工程奖主管单位是国家发展和改革委员会，主办单位是中国施工企业管理协会**。国家优质工程奖是经中共中央、国务院确认设立的工程建设领域**跨行业、跨专业**的国家级质量奖。国家优质工程奖评选包括下列工程：①工业建设工程；②交通工程；③水利工程；④通信工程；⑤市政园林工程；⑥建筑工程；⑦绿色生态工程❸。

申报国家优质工程奖项目应当具备条件：①工程设计先进，获得**省（部）级优秀工程设计奖**。②工程质量可靠，按工程类别获得所在地域、所属行业**省（部）级最高质量奖**；未开展评

---

❶《全国质量奖（组织奖）评审管理办法（2020 年修订)》

❷《全国质量奖（卓越项目奖）评审管理办法（2020 年修订)》

❸《国家优质工程奖评选办法（2020 年修订版)》

奖活动的行业，应获得该行业最高工程质量水平评价。

（4）中国建设工程鲁班奖（国家优质工程）

中国建设工程鲁班奖（国家优质工程），简称鲁班奖，1987 年设立，是一项由中华人民共和国住房和城乡建设部指导、中国建筑业协会实施评选的奖，是我国建设工程质量的最高奖，获奖工程质量应达到国内领先水平。鲁班奖每两年评选一次，获奖工程数额原则上控制在 240 项左右。获奖单位为获奖工程的主要承建单位、参建单位。

鲁班奖的评选工程为我国境内已经建成并投入使用的各类新（扩）建工程。具体包括：①住宅工程；②公共建筑工程；③工业交通水利工程；④市政园林工程。以上四类工程的评选范围和规模应符合规定。比如：住宅工程包括住宅小区、公寓、单体住宅、群体住宅和以住宅为主的综合楼等工程。应符合以下条件：①建筑面积 5 万平方米以上的住宅小区或住宅小区组团；②非住宅小区内的建筑面积为 3 万平方米以上的单体高层住宅[1]。

（5）山东省建筑行业最高质量奖——泰山杯

山东省建筑工程质量"泰山杯"奖是山东省建筑工程质量最高荣誉奖。"泰山杯"奖的评选对象主要为山东省建筑施工企业在山东省内承包，已经建成并投入使用的建设工程，获奖单位为工程主要承建单位、主要参建单位和主要监理单位。"泰山杯"奖由建筑施工企业、建设监理企业自愿申报，经市建筑业协会（联合会）或省直有关部门、中央驻鲁建筑施工企业择优推荐后进行评选。"泰山杯"奖每年评选一次，奖励数额不超过 150 个。申请"中国建筑工程鲁班奖"和"国家优质工程奖"将从"泰山杯"奖工程中择优推荐。"泰山杯"奖评选的具体工作由山东省建筑业协会组织实施。

"泰山杯"奖评选的工程主要为山东省内已经建成并投入使用的各类新（扩）建工程。具体包括：①工业建设项目，包括石油、天然气、石油化工、煤炭、钢铁、有色金属、化学工业、电力工业、机械工业、冶金、建材等工业建设项目。其规模应符合规定。工业项目主厂房单独申报，建筑面积应在 2 万平方米以上。②交通工程，包括公路、铁路、桥梁、机场跑道、港口、码头、隧道、船闸、内河航运工程等。其规模应符合规定。③市政、园林工程，包括城市道路、立交桥、高架桥、自来水厂、污水处理厂、动植物园等。其规模应符合规定。④公共建筑工程，其工程项目的规模应符合规定。⑤住宅工程，包括住宅小区、小区组团和单体住宅，其规模应符合"建筑面积 30 万平方米（含）以上的住宅小区或建筑面积 10 万平方米（含）以上小区组团或单体住宅，建筑面积为 6000 平方米（含）以上"的要求。⑥水利工程，投资金额 6000 万元以上。⑦通信工程，投资金额 8000 万元以上[2]。

（6）济南市建筑工程——泉城杯

"泉城杯"奖是济南市建筑工程质量的最高荣誉奖，"泉城杯"奖评选的具体工作由济南市建筑业协会组织实施。"泉城杯"奖每年评选一次，获奖工程数额原则控制在 90 个左右。获奖单位为获奖工程的主要承建单位、参建单位、监理单位和项目管理单位。申报山东省建筑工程质量"泰山杯"奖、国家优质工程奖和中国建设工程鲁班奖，从获得"泉城杯"奖的工程中择优推荐。

"泉城杯"奖评选的范围是：济南市行政区域内上一年度 9 月 30 日前经质监部门核定的优良公共建筑工程、住宅工程和市政工程。其工程的规模如下：①公共建筑工程，单体公共建筑

---

[1]《中国建设工程鲁班奖（国家优质工程）评选办法（2021 年修订）》
[2]《山东省建筑工程质量"泰山杯"奖评选办法（2019 年修订）》

工程建筑面积在 8000 平方米以上。②住宅工程，包括住宅小区、小区组团和单体住宅，其规模应符合"建筑面积在 10 万平方米（含）以上的住宅小区；建筑面积在 5 万平方米（含）以上的小区组团；单体住宅工程，建筑面积在 5000（含）平方米以上；个别工程达不到评选规模要求，但建筑设计独特，工程质量突出，在社会上有影响的，本着严格控制的原则申报推荐"的要求。③市政工程，包括城市道路工程、地铁及隧道工程、高架桥、跨河桥、管廊工程和垃圾污水处理工程等，其规模应符合"5 万平方米以上的道路工程（次干路等级以上）；投资额在 1.5 亿元以上的互通立交桥；长度 2km 以上的城市高架桥、长度 100m 以上的城市跨河（线）桥、长度 1km 以上的综合管廊工程；投资额在 5000 万元（含 5000 万元）以上的地铁及隧道等工程；投资额在 1000 万元（含 1000 万元）以上的垃圾处理厂、污水处理厂、净配水厂等工程；面积在 1 万平方米以上或工程造价在 800 万元以上的城市园林绿化工程；投资额在 2000 万元以上的其他综合性市政工程"的要求❶。

推荐阅读

[1] 查阅"六西格玛管理模式"相关资料。

[2] www.ISO.org（ISO 官方网站）。

[3] 中国质量协会. 全面质量管理. 4 版. 北京: 中国科学技术出版社, 2015.

[4] 詹姆斯·埃文斯, 威廉·林塞. 质量管理与卓越绩效. 11 版. 中国质量协会译. 北京: 中国人民大学出版社, 2021.

课后习题

1.【多选题】一般来说，质量管理体系文件包括（   ），三个层次。

A. 质量手册（含质量方针、质量目标）   B. 程序文件

C. 作业指导书   D. 指导记录表

2.【单选题】（   ）追求的是企业综合绩效和持续经营的能力。

A. 产品质量   B. 经营质量   C. 服务质量   D. 体系质量

3.【判断题】ISO，国际标准化组织。International Standardization of Organization，"ISO"，希腊语，表示"平等""均等"之意。（   ）

4.【问答题】七项质量管理原则是什么？

综合题

如何理解企业质量文化对建设工程质量提升的作用？

---

❶《济南市建筑工程"泉城杯"奖评选办法（2019 年修订）》

第3章
建设工程质量管理制度

 学习目标

1. 了解工程质量控制主体和工程质量管理体制；
2. 掌握工程质量控制原则；
3. 掌握建设工程质量监督制度、施工图设计文件审查制度、建设工程施工许可证制度、建设工程质量检测制度、建设工程竣工验收与备案制度和建设工程质量保修制度；
4. 熟悉建设工程质量终身责任追究制度；
5. 了解建设工程质量保险制度。

● **关键词：** 自控主体、监控主体、质量管理制度

 案例导读

【事故背景】2006年8月发包人甲方与承包人乙方订立了一份施工承包某宿舍楼工程的合同，合同总价款47560000元，2008年5月竣工。甲方称，同年6月开始，该楼外墙面砖发生掉落事件，至2011年6月发生墙砖脱落十余次，险些造成人身伤害。甲方在上述事件发生后多次要求乙方修缮，却一直未予彻底解决。遂甲方于2011年9月提起仲裁，2011年10月甲方通过招标自行选定第三方实施修缮，实际发生的费用为3570000元，要求乙方承担该项维修费用。

【原因分析】关于保修期的问题，乙方认为，外墙面砖属于装修工程，法定保修期应为两年，而实际已超过保修期一年多，甲方没有再向乙方主张修复外墙面砖和支付保修费的权利。甲方认为，外墙面砖脱落都是在保修期内形成的，只是问题遗留到了两年之后还未得到有效的处理。

【责任追究】仲裁庭支持了甲方的该项主张，裁决乙方承担了大部分修缮费用。

3.1   建设工程质量管理体系

3.1.1   建设工程质量管理体制

（1）建设工程管理的行为主体

根据我国投资建设项目管理体制，建设工程管理的行为主体可分为三类。

第一类是政府部门，包括中央政府和地方政府的发展和改革部门、城乡和住房建设部门、国土资源部门、环境保护部门、安全生产管理部门等相关部门。政府部门对建设工程的管理属行政管理范畴，主要是从行政上对建设工程进行管理，其目标是保证建设工程符合国家的经济和社会发展的要求，维护国家经济安全、监督建设工程活动不危害社会利益。其中，政府对工程质量的监督管理就是为大众安全与社会利益不受到危害。

第二类是建设单位。在建设工程管理中，建设单位自始至终是建设工程管理的主导者和责任人，其主要责任是对建设工程的全过程、方位实施有利，保证建设工程总目标的实现，并承担项目的风险以及经济、法律责任。

第三类是工程建设参与方，包括工程勘察设计单位、工程施工承包单位、材料设备供应单位以及工程咨询、工程监理、招标代理、造价咨询单位等工程服务机构。他们的主要任务是按照合同约定，对其承担的建设工程相关任务进行管理，并承担相应的经济和法律责任。

（2）工程质量管理体系

工程质量管理体系是指为实现工程项目质量管理目标，围绕着工程项目质量管理而建立的质量管理体系。工程质量管理体系包含三个层次：一是承建方的自控，二是建设方（含监理等咨询服务方）的监控，三是政府和社会的监督。其中，承建方包括勘察单位、设计单位、施工单位、材料供应单位等；咨询服务方包括监理单位、咨询单位、项目管理公司、审图机构、检测机构等。

因此，我国工程建设实行"政府监督、社会监理与检测、企业自控"的质量管理与保证体系。

3.1.2   政府监督管理职能

（1）建立和完善工程质量管理法规

工程质量管理法规包括行政性法规和工程技术规范标准，前者如《中华人民共和国建筑法》（以下简称《建筑法》）、《中华人民共和国招标投标法》《建设工程质量管理条例》等，后者如工程设计规范、建筑工程施工质量验收统一标准、工程施工质量验收规范等。

（2）建立和落实工程质量责任制

工程质量责任制包括工程质量行政领导的责任、项目法定代表人的责任、参建单位法定代表人的责任和工程质量终身负责制等。

（3）建设活动主体资格的管理

国家对从事建设活动的单位实行严格的从业许可证制度，对从事建设活动的专业技术人员实行严格的执业资格制度。建设行政主管部门及有关专业部门按各自分工，负责各类资质标准的审查、从业单位的资质等级的最后认定、专业技术人员资格等级的核查和注册，并对资质等级和从业范围等实施动态管理。

（4）工程承发包管理

工程承发包管理包括规定工程招投标承发包的范围、类型、条件，对招投标承发包活动的依法监督和工程合同管理。

（5）工程建设程序管理

工程建设程序管理包括工程报建、施工图设计文件审查、工程施工许可、工程材料和设备准用、工程质量监督、施工验收备案等管理。

3.2　建设工程质量管理制度

近年来，我国建设行政主管部门先后颁发了多项建设工程质量管理规定。工程质量管理的主要制度有以下几项。

3.2.1　建设工程质量监督制度

为了加强房屋建筑和市政基础设施工程质量的监督，保护人民生命和财产安全，对在中华人民共和国境内主管部门实施新建、扩建、改建房屋建筑和市政基础设施工程实施质量监督管理。

（1）概念

工程质量监督管理，是指主管部门依据有关法律法规和工程建设强制性标准，对工程实体质量和工程建设、勘察、设计、施工、监理单位（以下简称工程质量责任主体）和质量检测等单位的工程质量行为实施监督。

工程实体质量监督，是指主管部门对涉及工程主体结构安全、主要使用功能的工程实体质量情况实施监督。

工程质量行为监督，是指主管部门对工程质量责任主体和质量检测等单位履行法定质量责任和义务的情况实施监督。

（2）工程质量监督的内容

① 执行法律法规和工程建设强制性标准的情况；

② 抽查涉及工程主体结构安全和主要使用功能的工程实体质量；

③ 抽查工程质量责任主体和质量检测等单位的工程质量行为；

④ 抽查主要建筑材料、建筑构配件的质量；

⑤ 对工程竣工验收进行监督；

⑥ 组织或者参与工程质量事故的调查处理；

⑦ 定期对本地区工程质量状况进行统计分析；

⑧ 依法对违法违规行为实施处罚。

（3）工程质量监督的实施

① 实施部门。国务院住房和城乡建设主管部门负责全国房屋建筑和市政基础设施工程（简

称工程）质量监督管理工作。县级以上地方人民政府建设主管部门负责本行政区域内工程质量监督管理工作。工程质量监督管理的具体工作可以由县级以上地方人民政府建设主管部门委托所属的工程质量监督机构（简称监督机构）实施。

② 实施程序。受理建设单位办理质量监督手续；制订工作计划并组织实施；对工程实体质量、工程质量责任主体和质量检测等单位的工程质量行为进行抽查、抽测；监督工程竣工验收，重点对验收的组织形式、程序等是否符合有关规定进行监督；形成工程质量监督报告；建立工程质量监督档案。

③ 实施权限。主管部门实施监督检查时，有权采取下列措施：要求被检查单位提供有关工程质量的文件和资料；进入被检查单位的施工现场进行检查；发现有影响工程质量的问题时，责令改正。

工程竣工验收合格后，建设单位应当在建筑物明显部位设置永久性标牌，载明建设、勘察、设计、施工、监理单位等工程质量责任主体的名称和主要责任人姓名。

县级以上地方人民政府建设主管部门应当根据本地区的工程质量状况，逐步建立工程质量信用档案。县级以上地方人民政府建设主管部门应当将工程质量监督中发现的涉及主体结构安全和主要使用功能的工程质量问题及整改情况及时向社会公布。

3.2.2　施工图设计文件审查制度

国家实施施工图设计文件（含勘察文件，以下简称施工图）审查制度。

施工图审查，是指施工图审查机构（以下简称审查机构）按照有关法律法规，对施工图涉及公共利益、公众安全和工程建设强制性标准的内容进行的审查。施工图审查应当坚持先勘察、后设计的原则。

施工图未经审查合格的，不得使用。从事房屋建筑工程、市政基础设施工程施工、监理等活动时，以及实施对房屋建筑和市政基础设施工程质量安全监督管理时，应当以审查合格的施工图为依据。

国务院住房和城乡建设主管部门负责对全国的施工图审查工作实施指导、监督。县级以上地方人民政府住房和城乡建设主管部门负责对本行政区域内的施工图审查工作实施监督管理。

（1）审查范围

房屋建筑工程、市政基础设施工程施工图设计文件均属审查范围。省、自治区、直辖市人民政府行政主管部门，可结合本地的实际，确定具体的审查范围。

建设单位应当将施工图送审查机构审查。建设单位可以自主选择审查机构，但审查机构不得与所查项目的建设单位、勘察设计单位有隶属关系或者其他利害关系。建设单位应当向审查机构提供的资料：①作为勘察、设计依据的政府有关部门的批准文件及附件；②全套施工图；③其他应当提交的材料。建设单位对所提供资料的真实性负责。

（2）审查机构

审查机构是专门从事施工图审查业务，不以营利为目的的独立法人。省、自治区、直辖市人民政府住房和城乡建设主管部门应当将审查机构名录报国务院住房和城乡建设主管部门备案，并向社会公布。

审查机构按承接业务范围分两类，一类机构承接房屋建筑、市政基础设施工程施工图审查，业务范围不受限制；二类机构可以承接中型❶及以下房屋建筑、市政基础设施工程的施工图审查。

一类审查机构应当具备下列条件：

① 有健全的技术管理和质量保证体系。

② 审查人员应当有良好的职业道德；有 15 年以上所需专业勘察、设计工作经历；主持过不少于 5 项大型房屋建筑工程、市政基础设施工程相应专业的设计或者甲级工程勘察项目相应专业的勘察；已实行执业注册制度的专业，审查人员应当具有一级注册建筑师、一级注册结构工程师或者勘察设计注册工程师资格，并在本审查机构注册；未实行执业注册制度的专业，审查人员应当具有高级工程师职称；近 5 年内未因违反工程建设法律法规和强制性标准受到行政处罚。

③ 在本审查机构专职工作的审查人员数量：从事房屋建筑工程施工图审查的，结构专业审查人员不少于 7 人，建筑专业不少于 3 人，电气、暖通、给排水、勘察等专业审查人员各不少于 2 人；从事市政基础设施工程施工图审查的，所需专业的审查人员不少于 7 人，其他必须配套的专业审查人员各不少于 2 人；专门从事勘察文件审查的，勘察专业审查人员不少于 7 人；承担超限高层建筑工程施工图审查的，还应当具有主持过超限高层建筑工程或者 100m 以上建筑工程结构专业设计的审查人员不少于 3 人。

④ 60 岁以上审查人员不超过该专业审查人员规定数的 1/2。

⑤ 注册资金不少于 300 万元。

二类审查机构应当具备下列条件：

① 有健全的技术管理和质量保证体系。

② 审查人员应当有良好的职业道德；有 10 年以上所需专业勘察、设计工作经历；主持过不少于 5 项中型以上房屋建筑工程、市政基础设施工程相应专业的设计或者乙级以上工程勘察项目相应专业的勘察；已实行执业注册制度的专业，审查人员应当具有一级注册建筑师、一级注册结构工程师或者勘察设计注册工程师资格，并在本审查机构注册；未实行执业注册制度的专业，审查人员应当具有高级工程师职称；近 5 年内未因违反工程建设法律法规和强制性标准受到行政处罚。

③ 在本审查机构专职工作的审查人员数量：从事房屋建筑工程施工图审查的，结构专业审查人员不少于 3 人，建筑、电气、暖通、给排水、勘察等专业审查人员各不少于 2 人；从事市政基础设施工程施工图审查的，所需专业的审查人员不少于 4 人，其他必须配套的专业审查人员各不少于 2 人；专门从事勘察文件审查的，勘察专业审查人员不少于 4 人。

④ 60 岁以上审查人员不超过该专业审查人员规定数的 1/2。

⑤ 注册资金不少于 100 万元。

（3）施工图审查的主要内容

① 是否符合工程建设强制性标准；

② 地基基础和主体结构的安全性；

③ 消防安全性；

④ 人防工程（不含人防指挥工程）防护安全性；

⑤ 是否符合民用建筑节能强制性标准，对执行绿色建筑标准的项目，还应当审查是否符合

---

❶ 具体参看《民用建筑工程设计等级分类表》

绿色建筑标准；

⑥ 勘察设计企业和注册执业人员以及相关人员是否按规定在施工图上加盖相应的图章和签字；

⑦ 法律、法规、规章规定必须审查的其他内容。

（4）审查时限

施工图审查原则上不超过下列时限：

① 大型房屋建筑工程、市政基础设施工程为 15 个工作日，中型及以下房屋建筑工程、市政基础设施工程为 10 个工作日。

② 工程勘察文件，甲级项目为 7 个工作日，乙级及以下项目为 5 个工作日。

以上时限不包括施工图修改时间和审查机构的复审时间。

（5）审查结论

审查机构对施工图进行审查后，应当根据下列情况分别作出处理：

① 审查合格的，审查机构应当向建设单位出具审查合格书，并在全套施工图上加盖审查专用章。审查合格书应当由各专业的审查人员签字，经法定代表人签发，并加盖审查机构公章。审查机构应当在出具审查合格书后 5 个工作日内，将审查情况报工程所在地县级以上地方人民政府住房和城乡建设主管部门备案。

② 审查不合格的，审查机构应当将施工图退回建设单位并出具审查意见告知书，说明不合格原因。同时，应当将审查意见告知书及审查中发现的建设单位、勘察设计企业和注册执业人员违反法律法规和工程建设强制性标准的问题，报工程所在地县级以上地方人民政府住房和城乡建设主管部门。

③ 施工图退还建设单位后，建设单位应当要求原勘察设计企业进行修改，并将修改后的施工图送原审查机构复审。任何单位或者个人不得擅自修改审查合格的施工图；确需修改的，建设单位应当将修改后的施工图送原审查机构审查。

（6）施工图审查各方的职责

① 国务院住房和城乡建设主管部门负责对全国的施工图审查工作实施指导、监督。县级以上地方人民政府住房和城乡建设主管部门负责对本行政区域内的施工图审查工作实施监督管理。

② 勘察设计企业应当依法进行建设工程勘察、设计，严格执行工程建设强制性标准，并对建设工程勘察、设计的质量负责。审查机构对施工图审查工作负责，承担审查责任，并不改变勘察、设计单位的质量责任。

③ 施工图经审查合格后，仍有违反法律法规和工程建设强制性标准的问题，给建设单位造成损失的，审查机构依法承担相应的赔偿责任。

④ 按规定应当进行审查的施工图，未经审查合格的，住房和城乡建设主管部门不得颁发施工许可证。

3.2.3   建设工程施工许可证制度

《建筑法》规定：建筑工程开工前，建设单位应当按照国家有关规定向工程所在地县级以上人民政府建设行政主管部门申请领取施工许可证；但是，国务院建设行政主管部门确定的限额以下的小型工程（工程投资额在 30 万元以下或者建筑面积在 300m^2 以下的建筑工程）除外。按照国务院规定的权限和程序批准开工报告的建筑工程，不再领取施工许可证。

（1）建设单位申请领取施工许可证，应当具备下列条件，并提交相应的证明文件。

① 依法应当办理用地批准手续的，已经办理该建筑工程用地批准手续。

② 在城市、镇规划区的建筑工程，已经取得建设工程规划许可证。

③ 施工场地已经基本具备施工条件，需要征收房屋的，其进度符合施工要求。

④ 已经确定施工企业。按照规定应当招标的工程没有招标，应当公开招标的工程没有公开招标，或者肢解发包工程，以及将工程发包给不具备相应资质条件的企业的，所确定的施工企业无效。

⑤ 有满足施工需要的技术资料，施工图设计文件已按规定审查合格。

⑥ 有保证工程质量和安全的具体措施。施工企业编制的施工组织设计中有根据建筑工程特点制订的相应质量、安全技术措施。建立工程质量安全责任制并落实到人。专业性较强的工程项目编制了专项质量、安全施工组织设计，并按照规定办理了工程质量、安全监督手续。

⑦ 按照规定应当委托监理的工程已委托监理。

⑧ 建设资金已经落实。建设工期不足一年的，到位资金原则上不得少于工程合同价的50%，建设工期超过一年的，到位资金原则上不得少于工程合同价的30%。建设单位应当提供本单位截至申请之日无拖欠工程款情形的承诺书或者能够表明其无拖欠工程款情形的其他材料，以及银行出具的到位资金证明，有条件的可以实行银行付款保函或者其他第三方担保。

⑨ 法律、行政法规规定的其他条件。

县级以上地方人民政府住房和城乡建设主管部门不得违反法律法规规定，增设办理施工许可证的其他条件。

（2）目前，与《建筑法》规定相比，增加了申领条件主要是监理和消防设计审核。

① 监理条款。按照《建筑法》的规定，**国务院可以规定实行强制监理的建筑工程的范围**。为此，《建设工程质量管理条例》明确规定，**下列建设工程必须实行监理❶：国家重点建设工程；大中型公用事业工程；成片开发建设的住宅小区工程；利用外国政府或者国际组织贷款、援助资金的工程；国家规定必须实行监理的其他工程。**

②《中华人民共和国消防法》规定，依法应当经公安机关消防机构进行消防设计审核的建设工程，**未经依法审核或者审核不合格的，负责审批该工程施工许可的部门不得给予施工许可，建设单位、施工单位不得施工；**其他建设工程**取得施工许可后经依法抽查不合格的，应当停止施工。**

（3）施工许可证管理。

申请办理施工许可证，应当按照下列程序进行：

① 建设单位向发证机关领取"建筑工程施工许可证申请表"。

② 建设单位持加盖单位及法定代表人印鉴的"建筑工程施工许可证申请表"，并附上述（1）条规定的证明文件，向发证机关提出申请。

③ 发证机关在收到建设单位报送的"建筑工程施工许可证申请表"和所附证明文件后，对于符合条件的，应当自收到申请之日起十五日内颁发施工许可证；对于证明文件不齐全或者失效的，应当当场或者五日内一次告知建设单位需要补正的全部内容，审批时间可以自证明文件

---

❶ 详细规定参见《建设工程监理范围和规模标准规定》（建设部第86号令，2001）

补正齐全后作相应顺延；对于不符合条件的，应当自收到申请之日起十五日内书面通知建设单位，并说明理由。

建筑工程在施工过程中，建设单位或者施工单位发生变更的，应当重新申请领取施工许可证。

应当申请领取施工许可证的建筑工程未取得施工许可证的，一律不得开工。

任何单位和个人不得将应当申请领取施工许可证的工程项目分解为若干限额以下的工程项目，规避申请领取施工许可证。

建设单位应当自领取施工许可证之日起三个月内开工。因故不能按期开工的，应当在期满前向发证机关申请延期，并说明理由；延期以两次为限，每次不超过三个月。既不开工又不申请延期或者超过延期次数、时限的，施工许可证自行废止。

3.2.4 建设工程质量检测制度

工程质量检测工作是对工程质量进行监督管理的重要手段之一。《建设工程质量管理条例》规定：施工单位必须建立、健全施工质量的检验制度，严格工序管理，作好隐蔽工程的质量检查和记录。隐蔽工程在隐蔽前，施工单位应当通知建设单位和建设工程质量监督机构。施工人员对涉及结构安全的试块、试件以及有关材料，应当在建设单位或者工程监理单位监督下现场取样，并送具有相应资质等级的质量检测单位进行检测。

建设工程质量检测，是指工程质量检测机构接受委托，依据国家有关法律法规和工程建设强制性标准，对涉及结构安全项目的抽样检测和对进入施工现场的建筑材料、构配件的见证取样检测。

（1）检测内容

① 专项检测内容。

a. 地基基础工程检测：地基及复合地基承载力静载检测；桩的承载力检测；桩身完整性检测；锚杆锁定力检测。

b. 主体结构工程现场检测：混凝土、砂浆、砌体强度现场检测；钢筋保护层厚度检测；混凝土预制构件结构性能检测；后置埋件的力学性能检测。

c. 建筑幕墙工程检测：建筑幕墙的气密性、水密性、风压变形性能、层间变位性能检测；硅酮结构胶相容性检测。

d. 钢结构工程检测：钢结构焊接质量无损检测；钢结构防腐及防火涂装检测；钢结构节点、机械连接用紧固标准件及高强度螺栓力学性能检测；钢网架结构的变形检测。

② 见证取样检测内容。a. 水泥物理力学性能检验；b. 钢筋（含焊接与机械连接）力学性能检验；c. 砂、石常规检验；d. 混凝土、砂浆强度检验；e. 简易土工试验；f. 混凝土掺加剂检验；g. 预应力钢绞线、锚夹具检验；h. 沥青、沥青混合料检验。

（2）检测机构

检测机构是具有独立法人资格的中介机构。检测机构资质按照其承担的检测业务内容分为专项检测机构资质和见证取样检测机构资质。

由工程项目建设单位委托具有相应资质的检测机构进行检测。委托方与被委托方应当签订书面合同。检测结果利害关系人对检测结果发生争议的，由双方共同认可的检测机构复检，复检结果由提出复检方报当地建设主管部门备案。

质量检测试样的取样应当严格执行有关工程建设标准和国家有关规定，在建设单位或者工程监理单位监督下现场取样。提供质量检测试样的单位和个人，应当对试样的真实性负责。检测机构完成检测业务后，应当及时出具检测报告。检测报告经检测人员签字、检测机构法定代表人或者其授权的签字人签署，并加盖检测机构公章或者检测专用章后方可生效。检测报告经建设单位或者工程监理单位确认后，由施工单位归档。见证取样检测的检测报告中应当注明见证人单位及姓名。任何单位和个人不得明示或者暗示检测机构出具虚假检测报告，不得篡改或者伪造检测报告。检测人员不得同时受聘于两个或者两个以上的检测机构。

检测机构和检测人员不得推荐或者监制建筑材料、构配件和设备。检测机构不得与行政机关，法律法规授权的具有管理公共事务职能的组织以及所检测工程项目相关的设计单位、施工单位、监理单位有隶属关系或者其他利害关系。检测机构不得转包检测业务。检测机构跨省、自治区、直辖市承担检测业务的，应当向工程所在地的省、自治区、直辖市人民政府建设主管部门备案。检测机构应当对其检测数据和检测报告的真实性和准确性负责。

检测机构违反法律法规和工程建设强制性标准，给他人造成损失的，应当依法承担相应的赔偿责任。

检测机构应当将检测过程中发现的建设单位、监理单位、施工单位违反有关法律法规和工程建设强制性标准的情况，以及涉及结构安全检测结果的不合格情况，及时报告工程所在地建设主管部门。

检测机构应当建立档案管理制度。检测合同、委托单、原始记录、检测报告应当按年度统一编号，编号应当连续，不得随意抽撤、涂改。

检测机构应当单独建立检测结果不合格项目台账。

3.2.5 建设工程竣工验收与备案制度

项目建成后必须按国家有关规定进行竣工验收。建设单位收到建设工程竣工报告后，应当组织设计、施工、工程监理等有关单位进行竣工验收。

建设工程竣工验收应当具备下列条件❶：

① 完成建设工程设计和合同约定的各项内容；

② 有完整的技术档案和施工管理资料；

③ 有工程使用的主要建筑材料、建筑构配件和设备的进场试验报告；

④ 有勘察、设计、施工、工程监理等单位分别签署的质量合格文件；

⑤ 有施工单位签署的工程保修书。

建设工程经验收合格的，方可交付使用。建设单位应当自工程竣工验收合格之日起15日内，向工程所在地的县级以上地方人民政府建设主管部门备案。

建设单位办理工程竣工验收备案应当提交下列文件❷：

① 工程竣工验收备案表。

---

❶《建设工程质量管理条例》
❷《房屋建筑和市政基础设施工程竣工验收备案管理办法》（建设部令第78号，2000；2009年修正）

② 工程竣工验收报告。竣工验收报告应当包括工程报建日期，施工许可证号，施工图设计文件审查意见，勘察、设计、施工、工程监理等单位分别签署的质量合格文件及验收人员签署的竣工验收原始文件，市政基础设施的有关质量检测和功能性试验资料以及备案机关认为需要提供的有关资料。

③ 法律、行政法规规定应当由规划、环保等部门出具的认可文件或者准许使用文件。

④ 法律规定应当由公安消防部门出具的对大型的人员密集场所和其他特殊建设工程验收合格的证明文件。

⑤ 施工单位签署的工程质量保修书。

⑥ 法规、规章规定必须提供的其他文件。

⑦ 住宅工程还应当提交"住宅质量保证书"和"住宅使用说明书"。

备案机关收到建设单位报送的竣工验收备案文件，验证文件齐全后，应当在工程竣工验收备案表上签署文件收讫。工程竣工验收备案表一式两份，一份由建设单位保存，一份留备案机关存档。

工程质量监督机构应当在工程竣工验收之日起 5 日内，向备案机关提交工程质量监督报告。备案机关发现建设单位在竣工验收过程中有违反国家有关建设工程质量管理规定行为的，应当在收讫竣工验收备案文件 15 日内，责令停止使用，重新组织竣工验收。

3.2.6 建设工程质量保修制度

《建筑法》规定：建筑工程实行质量保修制度。建设工程质量保修制度是指建设工程在办理交工验收手续后，在规定的保修期限内，因勘察、设计、施工、材料等原因造成的质量问题，要由施工单位负责维修、更换，由责任单位负责赔偿损失。质量问题是指工程不符合国家工程建设强制性标准、设计文件以及合同中对质量的要求。

（1）保修期限[1]

建设工程承包单位在向建设单位提交工程竣工验收报告时，应当向建设单位出具质量保修书。质量保修书中应当明确建设工程的保修范围、保修期限和保修责任等。

在正常使用条件下，建设工程的最低保修期限为：

① 基础设施工程、房屋建筑的地基基础工程和主体结构工程，为设计文件规定的该工程的合理使用年限；

② 屋面防水工程、有防水要求的卫生间、房间和外墙面的防渗漏，为 5 年；

③ 供热与供冷系统，为 2 个采暖期、供冷期；

④ 电气管线、给排水管道、设备安装和装修工程，为 2 年。

其他项目的保修期限由发包方与承包方约定。

建设工程的保修期，自竣工验收合格之日起计算。

建设工程在保修范围和保修期限内发生质量问题的，施工单位应当履行保修义务，并对造成的损失承担赔偿责任。

建设工程在超过合理使用年限后需要继续使用的，产权所有人应当委托具有相应资质等级

---

[1] 《建设工程质量管理条例》（第三十九至四十二条）

的勘察、设计单位鉴定，并根据鉴定结果采取加固、维修等措施，重新界定使用期。

（2）保修管理[1]

房屋建筑工程在保修期限内出现质量缺陷，建设单位或者房屋建筑所有人应当向施工单位发出保修通知。施工单位接到保修通知后，应当到现场核查情况，在保修书约定的时间内予以保修。发生涉及结构安全或者严重影响使用功能的紧急抢修事故，施工单位接到保修通知后，应当立即到达现场抢修。发生涉及结构安全的质量缺陷，建设单位或者房屋建筑所有人应当立即向当地建设行政主管部门报告，采取安全防范措施；由原设计单位或者具有相应资质等级的设计单位提出保修方案，施工单位实施保修，原工程质量监督机构负责监督。保修完成后，由建设单位或者房屋建筑所有人组织验收。涉及结构安全的，应当报当地建设行政主管部门备案。施工单位不按工程质量保修书约定保修的，建设单位可以另行委托其他单位保修，由原施工单位承担相应责任。保修费用由质量缺陷的责任方承担。

在保修期限内，因房屋建筑工程质量缺陷造成房屋所有人、使用人或者第三方人身、财产损害的，房屋所有人、使用人或者第三方可以向建设单位提出赔偿要求。建设单位向造成房屋建筑工程质量缺陷的责任方追偿。

（3）保修责任[2]

因保修人未及时履行保修义务，导致建筑物毁损或者造成人身、财产损害的，保修人应当承担赔偿责任。保修人与建筑物所有人或者发包人对建筑物毁损均有过错的，各自承担相应的责任。

建设工程保修的质量责任问题是指在保修范围和保修期限内的质量问题。对于保修义务的承担和维修的经济责任承担应当按下述原则处理：

① 施工单位未按照国家有关标准范围和设计要求施工所造成的质量缺陷，由施工单位负责返修并承担经济责任。

② 由于设计问题导致的质量缺陷，先由施工单位负责维修，其经济责任按有关规定通过建设单位向设计单位索赔。

③ 因建筑材料、构配件和设备质量不合格引起的质量缺陷，先由施工单位负责维修，其经济责任属于施工单位采购或经其验收同意的，由施工单位承担经济责任；属于建设单位采购的，由建设单位承担经济责任。

④ 因建设单位错误管理而造成的质量缺陷，先由施工单位负责维修，其经济责任由建设单位承担；如属监理单位责任，则由建设单位向监理单位索赔。

⑤ 因使用单位使用不当造成的损坏问题，先由施工单位负责维修，其经济责任由使用单位自行负责。

⑥ 因地震、台风、洪水等自然灾害或者其他不可抗拒原因造成的损坏问题，先由施工单位负责维修，建设参与各方再根据国家具体政策分担经济责任。

（4）建设工程质量保证金[3]

建设工程质量保证金（以下简称保证金）是指发包人与承包人在建设工程承包合同中约定，从应付的工程款中预留，用以保证承包人在缺陷责任期内对建设工程出现的缺陷进行维修的资

[1] 《房屋建筑工程质量保修办法》（建设部第 80 号令，2000）
[2] 《最高人民法院关于审理建设工程施工合同纠纷案件适用法律问题的解释》
[3] 《建设工程质量保证金管理办法》（建质〔2017〕138 号）

金。缺陷是指建设工程质量不符合工程建设强制性标准、设计文件以及承包合同的约定。缺陷责任期一般为 1 年，最长不超过 2 年，由发、承包双方在合同中约定。发包人应按照合同约定方式预留保证金，保证金总预留比例不得高于工程价款结算总额的 3%。合同约定由承包人以银行保函替代预留保证金的，保函金额不得高于工程价款结算总额的 3%。

① 保证金管理方式。政府投资项目：缺陷责任期内，实行国库集中支付的政府投资项目，保证金的管理应按照国库集中支付的有关规定执行。其他政府投资项目，保证金可以预留在财政部门或发包方。缺陷责任期内，如发包方被撤销，保证金随交付使用资产一并移交使用单位管理，由使用单位代行发包人职责。

社会投资项目采用预留保证金方式的，发、承包双方可以约定将保证金交由第三方金融机构托管。

② 保证金方式。推行银行保函制度，承包人可以银行保函替代预留保证金。在工程项目竣工前，已经缴纳履约保证金的，发包人不得同时预留工程质量保证金。采用工程质量保证担保、工程质量保险等其他保证方式的，发包人不得再预留保证金。

③ 缺陷责任期期限。缺陷责任期从工程通过竣工验收之日起计。由于承包人原因导致工程无法按规定期限进行竣工验收的，缺陷责任期从实际通过竣工验收之日起计。由于发包人原因导致工程无法按规定期限进行竣工验收的，在承包人提交竣工验收报告 90 天后，工程自动进入缺陷责任期。

④ 缺陷责任期责任。缺陷责任期内，由承包人原因造成的缺陷，承包人应负责维修，并承担鉴定及维修费用。如承包人不维修也不承担费用，发包人可按合同约定从保证金或银行保函中扣除，费用超出保证金额的，发包人可按合同约定向承包人进行索赔。承包人维修并承担相应费用后，不免除对工程的损失赔偿责任。

由他人原因造成的缺陷，发包人负责组织维修，承包人不承担费用，且发包人不得从保证金中扣除费用。

缺陷责任期内，承包人认真履行合同约定的责任，到期后，承包人向发包人申请返还保证金。

⑤ 工程质量保证金的返还。发包人在接到承包人返还保证金申请后，应于 14 天内会同承包人按照合同约定的内容进行核实。如无异议，发包人应当按照约定将保证金返还给承包人。对返还期限没有约定或者约定不明确的，发包人应当在核实后 14 天内将保证金返还承包人，逾期未返还的，依法承担违约责任。发包人在接到承包人返还保证金申请后 14 天内不予答复，经催告后 14 天内仍不予答复，视同认可承包人的返还保证金申请。

3.2.7　建设工程质量终身责任追究制度

建筑工程开工建设前，建设、勘察、设计、施工、监理单位法定代表人应当签署授权书，明确本单位项目负责人。建筑工程五方责任主体项目负责人是指建设单位项目负责人、勘察单位项目负责人、设计单位项目负责人、施工单位项目经理和监理单位总监理工程师。建筑工程五方责任主体项目负责人参与新建、扩建、改建的建筑工程项目负责人按照国家法律法规和有关规定，在工程设计使用年限内对工程质量承担相应责任，依法追究项目负责人的质量终身责任❶。

国务院住房和城乡建设主管部门负责对全国建筑工程项目负责人质量终身责任追究工作进行指导和监督管理。

县级以上地方人民政府住房和城乡建设主管部门负责对本行政区域内的建筑工程项目负责人质量终身责任追究工作实施监督管理。

建设单位项目负责人对工程质量承担全面责任，不得违法发包、肢解发包，不得以任何理由要求勘察、设计、施工、监理单位违反法律法规和工程建设标准，降低工程质量，其违法违规或不当行为造成工程质量事故或质量问题应当承担责任。

勘察、设计单位项目负责人应当保证勘察设计文件符合法律法规和工程建设强制性标准的要求，对因勘察、设计导致的工程质量事故或质量问题承担责任。

施工单位项目经理应当按照经审查合格的施工图设计文件和施工技术标准进行施工，对因施工导致的工程质量事故或质量问题承担责任。

监理单位总监理工程师应当按照法律法规、有关技术标准、设计文件和工程承包合同进行监理，对施工质量承担监理责任。

符合下列情形之一的，依法追究项目负责人的质量终身责任：

① 发生工程质量事故；

② 发生投诉、举报、群体性事件、媒体报道并造成恶劣社会影响的严重工程质量问题；

③ 由于勘察、设计或施工原因造成尚在设计使用年限内的建筑工程不能正常使用；

④ 存在其他需追究责任的违法违规行为。

工程质量终身责任实行书面承诺和竣工后永久性标牌等制度。

项目负责人应当在办理工程质量监督手续前签署工程质量终身责任承诺书，连同法定代表人授权书，报工程质量监督机构备案。项目负责人如有更换的，应当按规定办理变更程序，重新签署工程质量终身责任承诺书，连同法定代表人授权书，报工程质量监督机构备案。

建筑工程竣工验收合格后，建设单位应当在建筑物明显部位设置永久性标牌，载明建设、勘察、设计、施工、监理单位名称和项目负责人姓名。

建设单位应当建立建筑工程各方主体项目负责人质量终身责任信息档案，工程竣工验收合格后移交城建档案管理部门。项目负责人质量终身责任信息档案包括下列内容：

① 建设、勘察、设计、施工、监理单位项目负责人姓名，身份证号码，执业资格，所在单位，变更情况等；

② 建设、勘察、设计、施工、监理单位项目负责人签署的工程质量终身责任承诺书；

③ 法定代表人授权书。

3.2.8 建设工程质量保险制度

建设工程质量保险制度起源于法国，之后在西班牙、意大利、英国、瑞典、丹麦、芬兰、美国（新泽西州）、加拿大（不列颠哥伦比亚省）、澳大利亚、墨西哥、巴西、日本、沙特阿拉伯、阿联酋、卡塔尔、喀麦隆、刚果、摩洛哥、中非、突尼斯、阿尔及利亚、加蓬、毛里求斯

---

❶ 《建筑工程五方责任主体项目负责人质量终身责任追究暂行办法》（建质〔2014〕124 号）

等国家和地区均进行了实施。

工程质量保险在我国部分地区现处于研究试点阶段，比如：北京、上海、重庆、湖南和浙江等。在这里仅以北京市的地方性规章中相应的概念作几点说明。北京市 2019 年 4 月 24 日颁布实施了《北京市住宅工程质量潜在缺陷保险暂行管理办法》。

① 概念。工程质量保险，指的是工程质量潜在缺陷保险，是指由住宅工程建设单位投保的，保险公司根据保险条款约定，对在保险范围和保险期间内出现的因**工程质量潜在缺陷**所导致的投保建筑物损坏，履行赔偿义务的保险❶。

② 概念解析。

a. 工程质量保险是针对工程质量缺陷为标的物进行的投保，要区别于建筑一切险、安装一切险、工伤保险、意外伤害保险等其他工程险种；

b. 工程质量保险是针对保险范围和保险期间内工程质量缺陷，而不是保修范围和保修期间。

c. 工程质量保险范围包括了地基基础工程和主体结构工程、保温和防水工程，其他项目则是以附加险的方式要求保险公司提供，而保修范围要更广些。

d. 保险年限、保修年限和缺陷责任期的区别见表 3-1。

表 3-1　保险年限、保修年限和缺陷责任期的区别

类型	年限	起算日
保险年限	地基基础和主体结构工程为 10 年，保温和防水工程为 5 年	竣工验收合格 2 年之日起计
保修年限	基础和主体结构是合理使用年限，一般为 30 年、50 年、70 年，最长的可达 100 年。防水最低保修期为 5 年	通过竣工验收之日起计
缺陷责任期	缺陷责任期一般为 1 年，最长不超过 2 年	通过竣工验收之日起计

e. 不同年限的权益保证。以地基基础和主体结构 50 年合理使用年限为例，保险年限、保修年限和缺陷责任期如图 3-1 所示。

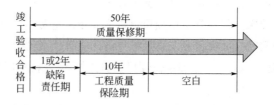

备注：根据国外的工程质量保险制度经验，一般建筑物 10 年之内的发生质量潜在缺陷风险较高，10 年之后则趋于稳定。

图 3-1　保险年限、保修年限和缺陷责任期

缺陷责任期内，质量保修金做维修担保；缺陷责任期满，由工程质量保险进行 10 年的保证保险；空白的区域通过法律途径解决 。

f. 工程质量责任。工程质量保险的投保人是建设单位，受益人是最终用户，即产权所有人。当发现工程质量缺陷时，产权人可以找保险公司进行理赔。但这里需要特别注意的是对各参建

---

❶《北京市住宅工程质量潜在缺陷保险暂行管理办法》（京政办发〔2019〕11 号）

主体的质量责任并不因建设单位投保而免责。换句话说，在保险公司对保险合同约定的质量缺陷损失履行赔偿义务后，有权依法对负有质量缺陷责任的相关单位行使代位请求赔偿权利，建设单位及相关责任单位应予以配合。当然，相关责任单位也可以就自己承担的质量责任向保险公司投保责任险。若有投保，质量潜在缺陷保险公司就可以因缺陷责任直接向责任险保险公司进行代位追偿。

g. 只有建设单位投保的工程质量保险是狭义的工程质量保险，广义工程质量保险是指含建设单位在内的工程其他相关方，包括勘察、设计、施工、监理等，也以工程质量为保险标的，向保险公司进行投保，以确保其对工程质量负责。

推荐阅读

[1]《关于落实建设单位首要质量责任的通知》《工程质量安全手册（质量部分)》。

[2]《大国建造》系列片。

[3] 住建部官网。

课后习题

1.【多选题】工程质量控制按实施主体不同分为自控主体和监控主体，（　　）属于自控主体。

A. 设计单位 　　　　　　B. 施工单位 　　　　　　C. 工程监理单位

D. 勘察单位 　　　　　　E. 社会

2.【单选题】建设工程开工前，（　　）办理工程质量监督手续。

A. 施工单位负责 　　　　　　B. 建设单位负责

C. 监理单位负责 　　　　　　D. 监理单位协助建设单位

3.【判断题】在建设工程管理中，建设单位自始至终是建设工程管理的主导者和责任人，其主要责任是对建设工程的全过程、全方位实施有效管理，保证建设工程总体目标的实现，并承担项目的风险以及经济、法律责任。（　　）

4.【问答题】什么是工程质量管理体系？

综合题

1. 分析与探讨个人执业资格负责制。

2. 分析与探讨工程质量保险制度。

第4章
质量管理统计分析方法

 学习目标

1. 掌握并应用质量管理传统的七种工具;
2. 熟悉质量管理新型的七种工具。

• **关键词:** 统计分析、质量管理统计工具

 案例导读

【事故背景】某工程总建筑面积为9万平方米。地下一层主要为车库及人防,地上13栋住宅(5~17层不等)。工程高层住宅采用静压预应力混凝土管桩基础。桩基施工单位为甲指分包。地下水7~9月份为丰水期,水位较高,3~5月份为枯水期,水位较低,年变化幅度为1.50m左右。基坑支护采用拉森钢板桩(止水帷幕)+锚索支护形式。施工过程中发现两个问题。问题一:抽测38#、34#楼桩位,发现桩位整体出现偏移,其中38#楼最为严重,整体坐标向东偏移15cm。问题二:高层基坑开挖后,发现部分静压预应力混凝土管桩有效桩长不足,桩顶标高低于设计标高,桩身完整性检测发现大量桩体存在裂缝情况。

【原因分析】

(1)桩整体偏位问题

①桩基单位进场时所用的坐标系是第三方测绘院放点,使用仪器为GPS,每栋独立放点,未统一规划坐标系;②放点后桩基单位没有对现场坐标点进行复测闭合,导致楼与楼之间的桩位无法闭合;③总包单位未按要求履行对甲指专业分包监管。

(2)桩身质量问题

①局部止水帷幕失效,边坡土方严重变形对桩体造成侧压。②预制桩质量差,桩顶面倾斜和桩尖位置不正或变形或锤击偏心造成桩倾斜。③桩堆放、起吊、运输的支点或吊点位置不当或锤击过度造成桩身裂缝。④上、下节桩中心线不重合;桩接头施工质量差,焊缝尺寸不足,造成断桩。⑤桩基单位未按设计要求,野蛮施工,造成质量问题出现。⑥项目未落实总承包管理职责,未对桩基单位施工质量进行有效监管。

【责任追究】工程桩基工程虽属于甲指专业分包单位，但总包单位承担相应总包管理连带责任。事件本身造成建设单位、桩基单位、总包单位等相关单位的经济损失。事件发生后迟迟得不到解决，严重影响建设单位项目开发节奏，影响项目的总工期进度计划，直接导致各方成本增加，尤其是影响总包整个后期的工期计划与投入，抢工费用大量增加；同时，也导致项目的地下室阶段面临冬施作业，增加大量越冬围护措施，质量风险严重加剧。该项目属于大客户项目，事件的发生影响项目第三方检查受检效果，影响业主对项目及公司满意度。

4.1 统计质量数据

工程质量控制与评价是以数据为依据，质量控制中常说的"一切用数据说话"，就是要求用数据来反映工程质量状况及判断质量效果。

4.1.1 统计数据收集的基本要求

（1）统计数据收集的含义

统计数据收集就是根据统计研究的需要，运用各种统计数据收集的方式和方法，获取统计数据的统计工作过程。

统计数据收集在统计工作的整个过程中，担负着提供基础资料的任务，所有的统计计算和统计研究都是在搜集数据的基础上建立起来的。因此，统计数据收集是统计工作的基础环节，是统计分析的前提。只有搞好统计数据收集，才能保证统计工作达到对于客观事物规律性的认识，从而预测未来。统计的数据还是制定政策的依据，并据此检查和监督政策的贯彻执行情况。

（2）统计数据收集的基本要求

根据统计制度方法的统一规定，统计调查必须达到准确、及时、完整的基本要求，做到数字准，情况明，反映及时、完整。

① 准确性。统计收集的数据必须如实地反映所研究的客观事物的实际，做到真实、可靠，既不修饰也不渲染。这是保证统计数据质量的首要环节，是统计工作的使命。

② 及时性。各项调查资料不但要求准确，而且需要及时，因为过时的资料落在了形势发展的后面，失去时效，犹如"雨后送伞"起不到统计的真实作用。及时性是指对收集所取得的数据应及时上报，以满足统计整理和分析等工作的要求。

③ 完整性。统计数据收集的对象（个体）不重复、不遗漏，所收集的数据项目都按照要求齐备全面。

（3）统计数据收集的种类

按照数据来源的不同可分为直接数据的收集和间接数据的收集。直接数据是直接的统计调查或实验的数据，这时统计数据的直接来源，也成为第一手统计数据或原始数据。间接数据，对数据的使用者来说，不是他自己组织调查或实验所得的数据，而是别人调查或实验得到的数据，因此也叫第二手数据或次级数据。直接数据按来源不同又可分为调查数据和实验数据。

4.1.2 质量数据的类型

质量数据的来源主要是工程建设过程中的各种检验,即材料检验、工序检验、验收检验等。质量数据就其本身的特性来说,可以分为计量值数据和计数值数据。

（1）计量值数据

计量值数据是可以连续取值的数据,属于连续型变量。其特点是在任意两个数值之间都可以取精度较高一级的数值。它通常由测量得到,如重量、强度、几何尺寸、标高、位移等。此外,一些属于定性的质量特性,可由专家主观评分、划分等级而使之数量化,得到的数据也属于计量值数据。

（2）计数值数据

计数值数据是只能按 0,1,2,…数列取值计数的数据,属于离散型变量,它一般由计数得到。计数值数据又可分为计件值数据和计点值数据。

① 计件值数据,表示具有某一质量标准的产品个数。如总体中合格品数、一级品数。

② 计点值数据,表示个体（单件产品、单位长度、单位面积、单位体积等）上的缺陷数、质量问题点数等。如检验钢结构构件涂料涂装质量时,构件表面的焊渣、焊疤、油污、毛刺数量等。

4.1.3 质量数据的搜集方法

总的来说,质量数据的搜集方法可以分为两类,分别为全数检验和抽样检验。

（1）全数检验

全数检验是对总体中的全部个体逐一观察、测量、计数、登记,从而获得对总体质量水平评价结论的方法。

（2）抽样检验

抽样检验是按照随机抽样的原则,从总体中抽取部分个体组成样本,根据对样品进行检测的结果,推断总体质量水平的方法。

抽样检验抽取样品不受检验人员主观意愿的支配,每一个个体被抽中的概率都相同,从而保证了样本在总体中的分布比较均匀,有充分的代表性;同时它还具有节省人力、物力、财力、时间和准确性高的优点;它又可用于破坏性检验和生产过程的质量监控,完成全数检测无法进行的检测项目,具有广泛的应用空间。

抽样的具体方法有:

① 简单随机抽样。简单随机抽样又称纯随机抽样、完全随机抽样,是对总体不进行任何加工,直接进行随机抽样获取样本的方法。

② 分层抽样。分层抽样又称分类或分组抽样,是将总体按与研究目的有关的某一特性分为若干组,然后在每组内随机抽取样品组成样本的方法。

③ 等距抽样。等距抽样又称机械抽样、系统抽样,是将个体按某一特性排队编号后均分为 n 组,这时每组有 $K=N/n$ 个个体,然后在第一组内随机抽取第一件样品,以后每隔一定距离（K 号）抽选出其余样品组成样本的方法。如在流水作业线上每生产 100 件产品抽出一件产品做样

品，直到抽出 n 件产品组成样本。

④ 整群抽样。整群抽样一般是将总体按自然存在的状态分为若干群，并从中抽取样品群组成样本，然后在中选群内进行全数检验的方法。如对原材料质量进行检测，可按原包装的箱、盒为群随机抽取，对选中的箱、盒做全数检验；每隔一定时间抽出一批产品进行全数检验等。

由于随机性表现在群间，样品集中、分布不均匀、代表性差、产生的抽样误差也大，同时在有周期性变动时，也应注意避免系统偏差。

⑤ 多阶段抽样。多阶段抽样又称多级抽样。

上述抽样方法的共同特点是整个过程中只有一次随机抽样，因而统称为单阶段抽样。但是当总体很大时，很难一次抽样完成预定的目标。多阶段抽样是将各种单阶段抽样方法结合使用，通过多次随机抽样来实现的抽样方法。如检验钢材、水泥等质量时，可以对总体按不同批次分为 R 群，从中随机抽取 r 群，而后在选中的 r 群中的 M 个个体中随机抽取 m 个个体，这就是整群抽样与分层抽样相结合的二阶段抽样，它的随机性表现在群间和群内有两次。

4.1.4　质量数据的分布特征

数据分布特征可以从集中趋势、离中趋势及分布形态三个方面进行描述。

（1）平均指标

平均指标是在反映总体的一般水平或分布的集中趋势的指标。测定集中趋势的平均指标有两类：位置平均数和数值平均数。位置平均数是根据变量值位置来确定的代表值，常用的有：众数、中位数。数值平均数就是均值，它是对总体中的所有数据计算的平均值，用以反映所有数据的一般水平，常用的有算术平均数、调和平均数、几何平均数和幂平均数。

（2）变异指标

变异指标是用来刻画总体分布的变异状况或离散程度的指标。测定离中趋势的指标有极差、平均差、四分位差、方差、标准差以及离散系数等。标准差是方差的平方根，即总体中各变量值与算术平均数的离差平方的算术平方根。离散系数是根据各离散程度指标与其相应的算术平均数的比值。

（3）矩、偏度和峰度

矩、偏度和峰度是反映总体分布形态的指标。矩反映数据分布的形态特征，也称为动差。偏度指数据分布不对称的方向和程度。峰度是指数据分布图形的尖峭程度或峰凸程度。

4.2　质量管理传统的七种工具

在质量统计分析观点的理论基础上，人们为了更好地实现这一目标，提出了一系列质量管理的统计技术与方法。早期常用的质量管理方法主要有：调查表法、分层法、排列图法、因果分析图法、直方图法、控制图法、散布图法等。本节主要介绍质量管理常用的传统的七种工具。

4.2.1　调查表

调查表又称检查表、统计分析表，是一种系统收集整理数据和粗略分析质量状况的一种方法，是为调查客观事物、产品和工作质量，或为分层收集数据而设计的图表。即把产品可能出现的情况及其分类预先列成调查表，检查产品时只需在相应分类中进行统计。

为了能够获得良好的效果、可比性、全面性和准确性，设计的调查表格应简单明了，突出重点；应填写方便，符号好记；调查、加工和检查的程序与调查表填写次序应基本一致，填写好的调查表要定时、准时更换并保存，数据要便于加工整理，分析整理后及时反馈。

（1）调查表的类型

一般情况下可以根据需要调查的内容分为如下几种：

① 不良项目调查表：质量管理中"良"与"不良"，是相对于标准、规格、公差而言的。一个零件和产品不符合标准、规格、公差的质量项目叫不良项目，也称不合格项目。如表 4-1 所示。

表4-1　不良项目调查表

项目	交验数	合格数	不良品			不良品类型			
			废品数	次品数	返修品数	废品类型	次品类型	返修品类型	良品率/%

② 缺陷位置调查表：缺陷位置调查表宜与措施相联系，能充分反映缺陷发生的位置，便于研究缺陷为什么集中在那里，有助于进一步观察、探讨发生的原因。缺陷位置调查表可根据具体情况画出各种不同的缺陷位置调查表，图上可以划区，以便进行分层研究和对比分析。

③ 频数调查表：作直方图需经过收集数据、分组、统计频数、计算、绘图等步骤。如果运用频数调查表，那就在收集数据的同时，直接进行分解和统计频数。如表 4-2 所示。

表4-2　混凝土空心板外观质量缺陷调查表

产品名称	混凝土空心板		生产班组			
日生产总数	200 块	生产时间	年　月　日		检查时间	年　月　日
检查方式	全数检查		检查员			
项目名称			合计			
露筋			9			
蜂窝			10			
孔洞			3			
裂缝			2			
其他			3			
总计			27			

④ 检查确认调查表：检查确认调查表是对所做工作和加工的质量进行总的检查与确认。在有限的时间内检查太多的项目，稍有疏忽，同一项目可能检查两次，而有的项目可能漏检。因

此，当检查项目较多时（100 项以上），为了不致弄错或遗漏，预先把应检查的项目统统列出来，然后按顺序，每检查一项在相应处做记号，防止遗漏。

⑤ 作业抽样调查表：作业抽样是分析作业时间的方法。它将全部时间分为加工、准备、空闲的时间，然后通过任意时刻，反复多次瞬间观测作业的内容，进而调查各段时间占全部时间的百分比。

（2）调查表的应用步骤

① 明确收集资料的目的。

② 确定所需搜集的资料。

③ 确定对资料的分析方法和负责人。

④ 根据不同目的，设计记录资料的调查表格式。

⑤ 对收集和记录的资料进行预先检查，审查表格的合理性。

⑥ 必要时，对调查表格式进行评审和修改。

4.2.2　分层法

分层法又叫分类法，就是把所收集的数据进行合理的分类，把性质相同、在同一生产条件下收集的数据归在一起，把划分的组叫做"层"，通过数据分层把错综复杂的影响质量因素分析清楚。

在实际生产中，由于引起质量波动的原因是多种多样的，因此搜集到的数据往往带有综合性，为了能够真实反映工程质量波动的原因和变化规律，就必须对质量数据进行适当归类和整理。分类法的目的在于把杂乱无章和错综杂乱的数据加以归类和汇总，使之能确定反映客观事实。

分层的标志以分层的目的不同而不同，工程质量管理分层主要采用以下几种：

① 人，可按年龄、级别和性别等分层。

② 机器设备，可按设备类型、新旧程度、不同的生产线和工装夹具类型等分层。

③ 材料，可按产地、批号、制造厂、规格成分等分层。

④ 方法，可按产地、批号、制造厂、规格成分等分层。

⑤ 环境，可按照明度、清洁度、温度、湿度等分层。

【示例 4-1】混凝土空心板外观质量缺陷调查表。

钢筋焊接质量的调查分析，共检查了 50 个焊接点，其中不合格的 19 个，不合格率为 38%。存在严重的质量问题，使用分层法分析质量问题产生的主要原因。

现已查明这批钢筋的焊接是由 A、B、C 三位师傅操作的，而焊条是由甲、乙两家厂商提供的。因此，分别按操作者和焊条供应厂商进行分层分析，即考虑一种因素的影响，见表 4-3 和表 4-4。

表 4-3　按操作者分层的调查结果

操作者	不合格	合格	不合格率/%
A	6	13	32
B	3	9	25
C	10	9	53
合计	19	31	38

表4-4　按供应厂商分层的调查结果

供应厂商	不合格	合格	不合格率/%
甲	9	14	39
乙	10	17	37
合计	19	31	38

由表4-3和表4-4分层分析可见，操作者 B 的质量较高，不合格率为25%；而不论是采用甲厂商还是乙厂商的焊条，不合格率都很高并且相差不大。为了找出问题之所在，再进一步采用综合分层进行分析，即考虑两种因素共同影响的结果，见表4-5。

表4-5　综合分层分析焊接质量的调查结果

操作者	焊接质量	焊接点	甲厂 合格率	焊接点	乙厂 合格率	焊接点	合计 合格率/%
A	合格	6	75	0	0	6	32
A	不合格	2		11		13	
B	合格	0	0	3	43	3	25
B	不合格	5		4		9	
C	合格	3	30	7	18	10	53
C	不合格	7		2		9	
合计	合格	9	39	10	37	19	38
合计	不合格	14		17		31	

从表4-5的综合分层法分析可知，在使用甲厂的焊条时，应采用 B 师傅的操作方法为好，在使用乙厂的焊条时，应采用 A 师傅的操作方法为好，这样会使合格率大大提高。

4.2.3　直方图

直方图又称质量分布图，是一种统计报告图，由一系列高度不等的纵向条纹或线段表示数据分布的情况，是一种条形图。一般用横轴表示数据类型，纵轴表示分布情况。

直方图是数值数据分布的精确图形表示。这是一个连续变量（定量变量）的概率分布的估计，并且被卡尔·皮尔逊（Karl Pearson）首先引入。为了构建直方图，第一步是将值的范围分段，即将整个值的范围分成一系列间隔，然后计算每个间隔中有多少值。这些值通常被指定为连续的、不重叠的变量间隔。间隔必须相邻，并且通常是（但不是必须的）相等的大小。

直方图又称质量分布图，它是表示资料变化情况的一种主要工具。用直方图可以解析出资料的规则性，比较直观地看出产品质量特性的分布状态，对于资料分布状况一目了然，便于判断其总体质量分布情况。在制作直方图时，牵涉统计学的概念，首先要对资料进行分组，因此如何合理分组是其中的关键问题。按组距相等的原则进行的两个关键数位是分组数和组距。直方图是一种几何形图表，它是根据从生产过程中收集来的质量数据分布情况，画成以组距为底边、以频数为高度的一系列连接起来的直方型矩形图。

作直方图的目的就是通过观察图的形状，判断生产过程是否稳定，预测生产过程的质量。在工程质量管理中，作直方图的目的有：①估算可能出现的不合格率；②考察工序能力估算法；③判断质量分布状态；④判断施工能力。

直方图法适用于对大量计量值数据进行整理加工，找出其统计规律，即分析数据分布的形态，以便对其总体的分布特征进行推断，对工序或批量产品的质量水平及其均匀程度进行分析的方法。

（1）直方图的制作方法

① 集中和记录数据，求出其最大值和最小值。数据的数量应在 100 个以上，在数量不多的情况下，也应在 50 个以上。 把分成组的个数称为组数，每一个组的两个端点的差称为组距。

② 将数据分成若干组，并做好记号。分组的数量在 5～12 之间较为适宜。

③ 计算组距的宽度。用最大值和最小值之差去除组数，求出组距的宽度。

④ 计算各组的界限位。各组的界限位可以从第一组开始依次计算，第一组的下界为最小值减去最小测定单位的一半，第一组的上界为其下界值加上组距。第二组的下界限位为第一组的上界限值，第二组的下界限值加上组距，就是第二组的上界限位，依此类推。

⑤ 统计各组数据出现的频数，作频数分布表。

⑥ 作直方图。以组距为底长，以频数为高，作各组的矩形图。

（2）直方图的用途

直方图在生产中是经常使用的简便且能发挥很大作用的统计方法。其主要作用是：

① 观察与判断产品质量特性分布状态。

② 判断工序是否稳定。

③ 计算工序能力，估算并了解工序能力对产品质量保证情况。

（3）直方图的基本格式

① 正常型（图 4-1）：图形中央有一顶峰，左右大致对称，这时工序处于稳定状态。其他都属非正常型。

② 偏向型（图 4-2）：图形有偏左、偏右两种情形。原因是：一些形位公差要求的特性值是偏向分布；加工者担心出现不合格品，在加工孔时往往偏小，加工轴时往往偏大造成。

③ 双峰型（图 4-3）：图形出现两个顶峰极，可能是由于把不同加工者或不同材料、不同加工方法、不同设备生产的两批产品混在一起形成的。

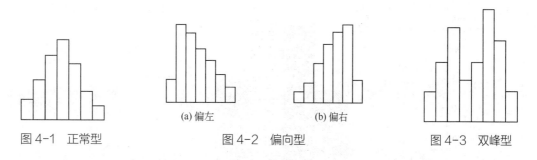

图 4-1　正常型　　　　　　　(a) 偏左　　　　(b) 偏右　　　　　　图 4-3　双峰型
　　　　　　　　　　　　　　　　图 4-2　偏向型

④ 锯齿型（图 4-4）：图形呈锯齿状参差不齐，多半是由于分组不当或检测数据不准而造成的。

⑤ 平顶型（图 4-5）：无突出顶峰，通常由于生产过程中缓慢变化因素影响（如刀具磨损）造成。

⑥ 孤岛型（图 4-6）：由于测量有误或生产中出现异常（原材料变化、刀具严重磨损等）。

 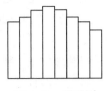 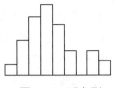

图 4-4　锯齿型　　　　图 4-5　平顶型　　　　图 4-6　孤岛型

【示例4-2】测定 100 只螺栓的外径所得到的 100 个计量值数据，如表 4-6。

表 4-6　频数分布表

组号	下界限～上界限	组中值	频数
1	11.405～11.505	11.455	1
2	11.505～11.605	11.555	2
3	11.605～11.705	11.655	7
4	11.705～11.805	11.755	13
5	11.805～11.905	11.855	24
6	11.905～12.005	11.955	25
7	12.005～12.105	12.055	16
8	12.105～12.205	12.155	10
9	12.205～12.305	12.255	1
10	12.305～12.405	12.355	1

① 找出最小值和最大值：最小值 $S=11.45$，最大值 $L=12.35$，极差=0.9。

② 确定组距和组数：利用公式 $m=1+3.3\lg n$，当 $n=100$ 时，$m=1+3.3\lg100=1+6.6=7.6\approx8$，即可得组距=全距/组数=0.9/8=0.1125≈0.1。

③ 确定各组上、下界以及端点的归属，制出如表 4-6 所示的频数分布表。

④ 以坐标横轴表示组距，坐标纵轴表示频数，画出频数直方图，简称直方图（图 4-7）。

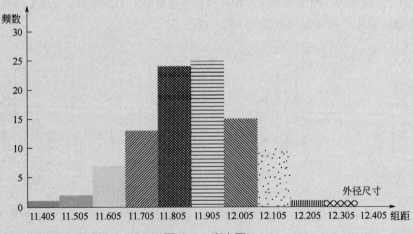

图 4-7　直方图

　　产品质量特性值的分析，一般都是服从正态分布或近似正态分布。当产品质量特性值的分布不是正态分布时，往往表示生产过程不稳定，或生产工序的加工能力不足。因而，由产品质量特性值所作的直方图的形状，可以推测生产过程是否稳定，或工序能力是否充足，由此可对产品的质量状况作出初步判断。根据产品质量特性值的频数分布，可将直方图分为正常型直方图和异常型直方图两种类型。

4.2.4　散布图

　　散布图是用来表示一组成对的数据之间是否有相关性的一种图表。这种成对的数据或许是"特性-要因""特性-特性""要因-要因"的关系。制作散布图的目的是为辨认一个品质特征和一个可能原因因素之间的联系。散布图是用非数学的方式来辨认某现象的测量值与可能原因因素之间的关系。散布图是通过分析研究两种因素的数据之间的关系，来控制影响产品质量的相关因素的一种有效方法。

　　散布图是用非数学的方式来辨认某现象的测量值与可能原因因素之间的关系。这种图示方式具有快捷、易于交流和易于理解的特点。散布图又叫相关图，它是将两个可能相关的变数资料用点画在坐标图上，用以判断成对的资料之间是否有相关性。这种成对的资料可能是特性-原因、特性-特性-原因的关系。通过对其观察分析，来判断两个变数之间的相关关系。假定有一对变数 x 和 y，x 表示影响因素，y 表示某一质量特征值，通过实验或收集到的 x 和 y 的资料，在图上用点表示出来，根据点的分布特点，就可以判断 x 和 y 的相关情况。在我们的生活及工作中，许多现象和原因，有些呈规则的关联，有些呈不规则关联，可以借助散布图统计手法来判断它们之间的相关关系。

（1）散布图的基本格式
　　根据测量的两种数据作出散布图后，观察其分布的形状和疏密程度，来判断它们关系密切程度。散布图大致可分为下列情形：
　　① 完全正相关（图 4-8）：x 增大，y 也随之增大。x 与 y 之间可用直线 $y=a+bx$（b 为正数）表示。
　　② 正相关（图 4-9）：x 增大，y 基本上随之增大。此时除了因素 x 外，可能还有其他因素影响。
　　③ 负相关（图 4-10）：x 增大，y 基本上随之减小。同样，此时可能还有其他因素影响。

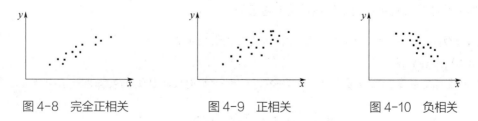

图 4-8　完全正相关　　　　图 4-9　正相关　　　　图 4-10　负相关

　　④ 完全负相关（图 4-11）：x 增大，y 随之减小。x 与 y 之间可用直线 $y=a+bx$（b 为负数）表示。
　　⑤ 无关（图 4-12）：即 x 变化不影响 y 的变化。

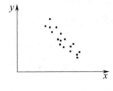

图 4-11　完全负相关

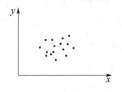

图 4-12　无关

（2）散布图与相关系数 *r*

变量之间关系的密切程度，需要用一个数量指标来表示，称为相关系数，通常用 *r* 表示。不同的散布图有不同的相关系数，*r* 满足：$-1 \leqslant r \leqslant 1$。因此，可根据相关系数 *r* 值来判断散布图中两个变量之间的关系，见表 4-7。

表 4-7　散点图与相关系数 *r* 表

r 值	两变量间的关系
r=1	完全正相关
0＜*r*＜1	正相关（越接近 1，越强；越接近 0，越弱）
r=0	不相关
-1＜*r*＜0	负相关（越接近 -1，越强；越接近 0，越弱）
r=-1	完全负相关

相关系数的计算公式是：

$$r = \frac{\sum (x-\overline{x})(y-\overline{y})}{\sqrt{\sum (x-\overline{x})^2 \sum (y-\overline{y})^2}} = \frac{L_{xy}}{\sqrt{L_{xx}L_{yy}}}$$

式中　$\overline{x}$ ——表示 *n* 个 *x* 数据的平均值；

$\overline{y}$ ——表示 *n* 个 *y* 数据的平均值；

L_{xx} ——表示 *x* 的离差平方和，即 $\sum (x-\overline{x})^2$；

L_{yy} ——表示 *y* 的离差平方和，即 $\sum (y-\overline{y})^2$；

L_{xy} ——表示 *x* 的离差与 *y* 的离差的乘积之和，即 $\sum (x-\overline{x})^2 \cdot (y-\overline{y})^2$。

r 所表示线性相关，当 *r* 的绝对值很小甚至等于 0 时，并不表示 *x* 与 *y* 之间就一定不存在任何关系。如 *x* 与 *y* 之间虽然是有关系的，但是经过计算相关系数的结果却为 0。这是因为此时 *x* 与 *y* 的关系是曲线关系，而不是线性关系造成的。

【示例 4-3】分析混凝土抗压强度和水灰比之间的关系。

（1）收集数据

要成对地收集两种质量数据，数据不得过少。本例收集数据如表 4-8 所示。

表 4-8　混凝土抗压强度与水灰比统计资料

序号	1	2	3	4	5	6	7	8
水灰比（*W/C*）	0.4	0.45	0.5	0.55	0.6	0.65	0.7	0.75
强度/（N/mm²）	36.3	35.3	28.2	24	23	20.6	18.4	15

（2）绘制相关图

在直角坐标系中，一般 x 轴用来代表原因的量或较易控制的量，本例汇总表示水灰比；y 轴用来表示结果的量或不易控制的量，本例中表示强度。然后将数据在相应的坐标位置上描点，便得到散布图，如图 4-13 所示。

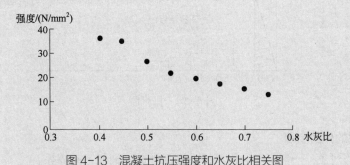

图 4-13　混凝土抗压强度和水灰比相关图

对相关图进行分析，相关图中点的集合，反映了两种数据间的散布状况，根据散布状况我们可以分析两个变量之间的关系。归纳起来主要有正相关、负相关、非线性相关、不相关四种类型。

4.2.5　排列图

排列图法又称主次因素分析法、柏拉图法，它是找出影响产品质量主要因素的一种简单而有效的图表方法。1897 年意大利经济学家柏拉图分析社会经济结构，发现 80%的财富掌握在20%的人手里，后被称"柏拉图法则"。1907 年美国经济学家劳伦兹使用累积分配曲线描绘了柏拉图法则，被称为"劳伦兹曲线"。1930 年美国质量管理泰斗朱兰博士将劳伦兹曲线应用到品质管理上。20 世纪 60 年代，日本质量管理大师石川馨在推行自己发明的 QCC 质量管理圈时使用了排列图法，从而成为质量管理七大手法之一。

排列图是根据"关键的少数和次要的多数"原理而制作的。也就是将影响产品质量的众多影响因素按其对质量影响程度的大小，用直方图形顺序排列，从而找出主要因素。其结构是由两个纵坐标和一个横坐标、若干个直方形和一条折线构成。左侧纵坐标表示不合格品出现的频数（出现次数或金额等），右侧纵坐标表示不合格品出现的累计频率（用百分比表示），横坐标表示影响质量的各种因素，按影响大小顺序排列，直方形高度表示相应因素的影响程度，即出现频率为多少，折线表示累计频率（也称帕累托曲线）。通常累计百分比将影响因素分为三类：占 0%~80%为 A 类因素，也就是主要因素；80%~90%为 B 类因素，是次要因素；90%~100%为 C 类因素，即一般因素。由于 A 类因素占存在问题的 80%，此类因素解决了，质量问题大部分就得到了解决。排列图是通过找出影响产品质量的主要问题，以便改进关键项目。

（1）排列图的基本格式

排列图是由两个纵坐标、一个横坐标、几个连起来的直方形和一条曲线所组成，如图 4-14 所示。左侧的纵坐标表示频数，右侧纵坐标表示累计频率，横坐标表示影响质量的各个因素或项目，按影响程度的大小从左至右排列，直方图的高度意味着某个因素的影响大小。

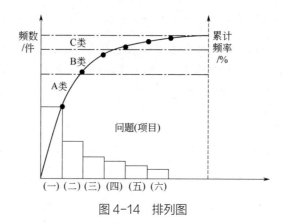

图 4-14　排列图

（2）排列图的作图步骤

① 确定分析对象：一般指不合格项目、废品件数、消耗工时等等。

② 收集与整理数据：可按废品项目、缺陷项目，不同操作者等进行分类。列表汇总每个项目发生的数量即频数 f_i，按大小进行排列。

③ 计算频数 f_i、频率 P_i、累计频率 F_i 等。

④ 画图：排列图由两个纵坐标，一个横坐标组成。左边的纵坐标表示频数 f_i，右边的纵坐标表示频率 P_i；横坐标表示质量项目，按其频数大小从左向右排列；各矩形的底边相等，其高度表示对应项目的频数。

⑤ 根据排列图，确定主要、有影响、次要因素。主要因素——累计频率 F_i 在 0%~80% 的若干因素，它们是影响产品质量的关键原因，又称为 A 类因素。其个数为 1~2 个，最多 3 个。有影响因素——累计频率 F_i 在 80%~95% 的若干因素，它们对产品质量有一定的影响，又称为 B 类因素。次要因素——累计频率 F_i 在 95%~100% 的若干因素。它们对产品质量仅有轻微影响，又称为 C 类因素。

（3）排列图的用途

① 找出主要因素。排列图把影响产品质量的"关键的少数与次要的多数"直观地表现出来，使我们明确应该从哪里着手来提高产品质量。实践证明，集中精力将主要因素的影响减半比消灭次要因素收效显著，而且容易得多。所以应当选取排列图前 1~2 项主要因素作为质量改进的目标。如果前 1~2 项难度较大，而第 3 项简易可行，马上可见效果，也可先对第 3 项进行改进。

② 解决工作质量问题也可用排列图。不仅产品质量，其他工作如节约能源、减少消耗、安全生产等都可用排列图改进工作，提高工作质量，检查质量改进措施的效果。采取质量改进措施后，为了检验其效果，可用排列图来核查。如果确有效果，则改进后的排列图中，横坐标上因素排列顺序或频数矩形高度应有变化。

【示例4-4】某工地混凝土构件尺寸质量问题排列图。

某工地现浇混凝土构件尺寸质量检查结果是：在全部检查的 8 个项目中不合格点（超偏差限值）有 150 个，为改进并保证质量，应对这些不合格点进行分析，以便找出混凝土构件尺寸质量的薄弱环节。

步骤 1　确定所要调查的步骤以及如何收集数据。

① 确定所要调查的是哪类问题，如不合格项目、损失金额、事故等。本例是需要调查现

浇混凝土构件尺寸的不合格的质量问题。

② 确定哪些数据是必要的，以及如何对数据分类，如按不合格类型、不合格发生的位置分；按工序、机器设备分；按操作者、操作方法分。也可按结果和原因分类，按结果分包括不良项目、场所、时间、工程等，按原因分包括材料（厂商、成分）、方式（作业条件、程序、方法、环境等）、人员（年龄、熟练度、经验等）、设备（机械、工具等）。分类的项目必须与问题的症结相对应。一般先从结果分类上着手，以便洞悉问题的所在；然后再进行原因分类，分析出问题产生的原因，以便采取有效的对策。将此分析的结果，依其结果与原因分别绘制排列图。数据分类后，将不常出现的项目归到"其他"项目中。本例中是以现浇混凝土构件尺寸质量问题发生的原因不同来分类。

③ 确定收集数据的方法和期间，并按分类项目，在期间内收集数据。考虑发生问题的状况，从中选择恰当的期限（如一天、一周、一月、一季或一年）来收集数据。此期间不宜过长，以免统计对象有变化，也不可过短，以免只反映一时的情况。通常可采用检查表的形式收集数据。本例即采用检查表来收集数据，取得的统计表如表 4-9 所示。

表 4-9　不合格点数统计表

序号	检查项目	不合格点数	序号	检查项目	不合格点数
1	轴线位置	1	5	平面水平度	15
2	垂直度	8	6	表面平整度	75
3	标高	4	7	预埋设施中心位置	1
4	截面尺寸	45	8	预留孔洞中心位置	1

步骤 2　依分类项目，对数据进行整理，做成统计表。

① 按数量从大到小顺序排列，其他项排在最后一项，并求累积数（其他项一般不应大于前三项，若大于时应考虑对其细分）。本例中由于轴线位置、预埋设施中心位置和预留孔洞中心位置三项的不合格点数较少，因此三项合并为"其他"项。按不合格点的频数由大到小顺序排列各检查项目，"其他"项排在最后。

② 以全部不合格点数为总数，计算各项的频率和累计频率，结果见表 4-10。

表 4-10　不合格点数项目频数和频率统计表

序号	项目	频数	频率/%	累计频率/%
1	表面平整度	75	50	50
2	截面尺寸	45	30	80
3	平面水平度	15	10	90
4	垂直度	8	5.3	95.3
5	标高	4	2.7	98
6	其他	3	2	100
合计		150	100	

步骤 3　排列图的绘制。

① 画横坐标。将横坐标按项目数等分，并按项目频数由大到小顺序从左至右排列，横坐

标分为六等分。

② 画纵坐标。左侧的纵坐标表示项目不合格点数即频数，右侧纵坐标表示累计频率。要求总频数对应累计频率100%。

③ 画频数直方图。以频数为高画出各项目的直方形。

④ 画累计频率曲线。从横坐标左端开始，依次连接各项目直方形右边线及所对应的累计频率值的交点，所得的曲线即为累计频率曲线。

⑤ 记录必要的事项。如标题、收集数据的方法和时间等。

如图4-15为本例现浇混凝土构件尺寸不合格点的排列图。

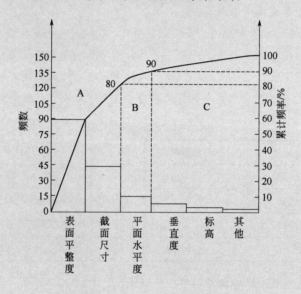

图4-15　现浇混凝土构件尺寸不合格点排列图

对排列图进行观察与分析，利用ABC分类法，确定主次因素。将累计频率曲线按0%～80%、80%～90%、90%～100%分为三部分，各曲线下面所对应的影响因素分别为A、B、C三类因素，该例中A类即主要因素，是表面平整度（2米长度）、截面尺寸（墙、梁、板、柱和其他构件）；B类即次要因素，是平面水平度；C类即一般因素，有垂直度、标高和其他项目。综合以上分析，应重点解决A类等质量问题。

4.2.6　因果分析图

影响工程质量的原因很多，但从大的方面分析不外乎人、机器、材料、方法和环境五个大的原因。每一个原因各有许多具体的小原因。在质量分析中，可以采用从大到小、从粗到细、顺藤摸瓜、追根到底的方式把原因和结果的关系搞清楚，这就用到了因果分析图的方法。

因果分析法是利用因果分析图来系统整理分析某个特定质量问题与其产生原因之间关系的有效工具。因果分析图又叫鱼骨图，鱼骨图由日本石川馨所发明，故又名石川图。鱼骨图是一种发现问题"根本原因"的方法，它也可以称之为"Ishikawa"或者"因果图"。其特点是简洁实用，深入直观。它看上去有些像鱼骨，问题或缺陷（即后果）标在"鱼头"外。在"鱼骨"上长出"鱼刺"，上面按出现机会多寡列出产生问题的可能原因，有助于说明各个原因之间是如何相互影响的。

（1）因果图的基本格式

收集各种信息，比较原因大小和主次，找出产生问题的主要原因，也就是根据反映出来的主要问题（最终结果），找出影响它的大原因、中原因、小原因、更小原因等等。主干箭头所指的为质量问题，主干上的大枝表示大原因，中枝、小枝表示中、小原因。见图 4-16。

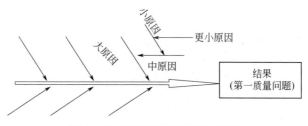

图 4-16　因果分析图的基本形式

（2）因果图作图步骤

① 确定要研究分析的质量问题和对象，即确定要解决的质量特性是什么。将分析对象用肯定语气（不标问号）写在图的右边，最好定量表示，以便判断采取措施后的效果。

② 确定造成这个结果和质量问题的因素分类项目。影响工序质量的因素分为人员、设备、材料、工艺方法、环境等；再依次细分，画大枝，箭头指向主干，箭尾端记上分类项目，并用方框框起来。

③ 把到会者发言、讨论、分析的意见归纳起来，按相互的相依隶属关系，由大到小，从粗到细，逐步深入，直到能够采取解决问题的措施为止。将上述项目分别展开：中枝表示对应的项目中造成质量问题的一个或几个原因；一个原因画一个箭头，使它平行于主干而指向大枝；把讨论、意见归纳为短语，应言简意赅，记在箭干的上面或下面，再展开，画小枝，小枝是造成中枝的原因。如此依次展开，越具体、越细致，就越好。

④ 确定因果图中的主要、关键原因，并用符号明显地标出，再进行现场调查研究，验证所确定的主要、关键原因是否找对、找准。以此作为制订质量改进措施的重点项目。一般情况下，主要、关键原因的数量不应超过所提出的原因总数的三分之一。

⑤ 注明因果图的名称、日期、参加分析的人员、绘制人和参考查询事项。制作因果图的一个重要内容就是要收集大量的信息，而许多信息是靠人们主观想象和思维得到的。

（3）制作因果图的注意事项

① 要充分发扬民主，把各种意见都记录、整理入图。邀请当事人、知情人到会并发言，介绍情况，发表意见。

② 主要、关键原因越具体，改进措施的针对性就越强。主要、关键原因初步确定后，应到现场去落实、验证主要原因，并订出切实可行的措施去解决问题。

③ 不要过分地追究个人责任，而要注意从组织上、管理上找原因。实事求是地提供质量数据和信息，不互相推脱责任。

④ 尽可能用数据来反映、说明问题。

⑤ 作完因果图后，应检查图名是否正确、是否标明主要原因、文字是否简便通俗、编译是否明确、定性是否准确，应尽可能地定量化，改进措施不宜画在图上。

⑥ 有必要时，可再画出措施表。

【示例4-5】针对粗糙度低质量问题的因果分析图见图4-17。

需要注意的是绘制因果图不是目的，而是要根据图中所反映的主要问题，制订改进的措施和对策，保证产品质量。此外，因果图也要实现"重要的因素不遗漏"和"不重要的因素不要绘制"两方面的要求，可以利用排列图确定重要的因素，最终的因果图往往越小越好。

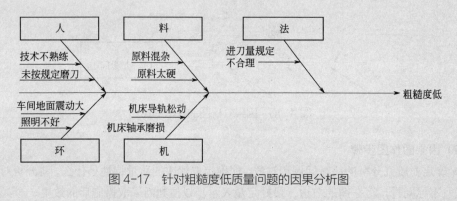

图4-17 针对粗糙度低质量问题的因果分析图

【示例4-6】混凝土强度不足对策表见表4-11。

表4-11 混凝土强度不足对策表

序号	产生问题原因	采取的对策	执行人	完成时间
1	分工不明确	根据个人特长，确定每项作业的负责人及各操作人员职责，挂牌示出		
2	基本知识差	① 组织学习操作规程； ② 搞好技术交流		
3	配合比不当	① 根据数理统计结果，按施工实际水平进行配比计算； ② 进行实验		
4	水灰比不准	① 制作试块； ② 捣制时每半天测砂石含水率一次； ③ 捣制时控制坍落度在5cm以下		
5	计量不准	校正磅秤		
6	水泥重量不足	进行水泥重量统计		
7	原材料不合格	对砂、石、水泥进行各项指标实验		
8	砂石含泥量大	冲洗		
9	振捣器常坏	① 使用前检修一下； ② 施工时配备电工； ③ 备用振捣器		

续表

序号	产生问题原因	采取的对策	执行人	完成时间
10	搅拌器失修	① 使用前检修一次； ② 施工时配备检修工人		
11	场地乱	认真清理，搞好平面布置现场实行分片制		

4.2.7　控制图

控制图就是对生产过程的关键质量特性值进行测定、记录、评估并监测过程是否处于控制状态的一种图形方法。根据假设检验的原理构造一种图，用于监测生产过程是否处于控制状态。它是统计质量管理的一种重要手段和工具，是判断和预报生产过程中质量状况是否发生波动的一种有效方法。

世界上第一张控制图是由美国贝尔电话实验室（Bell Telephone Laboratory）质量课题研究小组过程控制组学术领导人休哈特博士提出的不合格品率 p 控制图。随着控制图的诞生，控制图就一直是科学管理的一个重要工具，是一个不可或缺的管理工具。它是一种有控制界限的图，用来区分引起的原因是偶然的还是系统的，可以提供系统原因存在的资讯，从而判断生产过程是否处于受控状态。控制图按其用途可分为两类，一类是供分析用的控制图，用来控制生产过程中有关质量特性值的变化情况，看工序是否处于稳定受控状态；另一类的控制图，主要用于发现生产过程是否出现了异常情况，以预防产生不合格品。

（1）控制图的基本格式

控制图上有三条平行于横轴的直线：中心线（CL, central line）、上控制线（UCL, upper control line）和下控制线（LCL，lower control line），中心线——用细实线表示；上控制界限——用虚线表示；下控制界限——用虚线表示。UCL、CL、LCL 统称为控制线（control line），通常控制界限设定在±3 标准差的位置。中心线是所控制的统计量的平均值，中心线标志着质量特征值分布的中心位置，上下控制界限与中心线相距数倍标准差，上下控制界限标志着质量特征值允许波动的范围。控制图的基本格式见图 4-18。

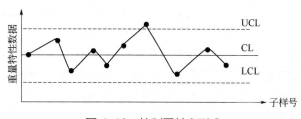

图 4-18　控制图基本形式

（2）常用控制图的种类

常用质量控制图可分为两大类：

① 计算值控制图，包括：单值控制图（x）、单值与移动极差控制图（R）、平均值（$\bar{X}$）与移动极差控制图、中位数控制图（M_0）。

② 计数值控制图,包括: 不良品数控制图 (Pn)、不良品率控制图 (P)、缺陷数控制图 (C)、单位缺陷数控制图 (u)。

计量值控制图一般适用于以计量值为控制对象的场合。计量值控制图对工序中存在的系统性原因反应敏感,所以具有及时查明并消除异常的明显作用,其效果比计数值控制图显著。计量值控制图经常用来预防、分析和控制工序加工质量,特别是几种控制图的联合使用。

计数值控制图则用于以计数值为控制对象的场合。离散型的数值,比如,一个产品批的不合格品件数。虽然其取值范围是确定的,但取值具有随机性,只有在检验之后才能确定下来。计数值控制图的作用与计量值控制图类似,其目的也是为了分析和控制生产工序的稳定性,预防不合格品的发生,保证产品质量。

根据所要控制的质量特性和数据的种类、条件等,按图中的箭头方向便可作出正确的选用,见图4-19。

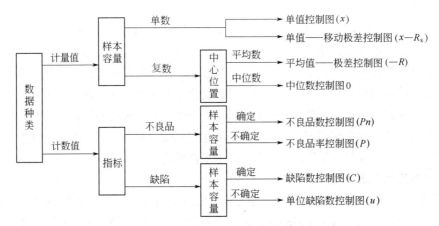

图4-19 控制图的种类及选用流程

（3）控制界限的原理

控制图中的上、下控制界限,一般是用"三倍标准偏差法"(又称3σ法)。先把中心线确定在被控制对象(如平均值、极差、中位数等)的平均值上。再以中心线为基准向上或向下量 3 倍标准偏差,就确定了上、下控制界限。另外,在求各种控制图时, 3 倍标准偏差并不容易求到,故按统计理论计算出一些近似系数用于各种控制图的计算。

对控制图进行分析,如果点随机排列且落在两控制界限内,则说明生产过程基本处于正常状态;如果点超出控制界限,或落在控制界限以内,但排列是非随机的,则表明生产系统发生了异常变化,生产过程处于失控状态,必须采取措施进行控制。

（4）控制图的用途

控制图作为一种管理图,在工业生产中,根据所要控制的质量指标的情况和数据性质分别加以选择。控制图的用途主要有两个:

① 过程分析,即分析生产过程是否稳定。为此,应随机连续收集数据,绘制控制图,观察数据点分布情况并判定生产过程状态。

② 过程控制,即控制生产过程质量。为此,要定时抽样取得数据,将其变为点描在图上,

发现并及时消除生产过程中的失调现象，预防不合格品的产生。

（5）使用控制图应注意的问题

① 控制图应用时，对于确定的控制对象，即质量指标，要能够定量，如果只有定性要求而不是定量时，不能应用控制图。

② 被控制的过程必须具有重复性。

③ 控制图能起到预防、稳定生产和保证质量的作用，但它是在现有条件下所起的作用，而控制图本身并不能保证现有生产条件处于良好状态。要保证生产条件的良好状态，还应不断地进行质量的改进。

4.3 质量管理新七种工具

随着人们对质量管理认识的加深，质量管理已经被纳入企业战略管理工作中，质量管理方法有了进一步的发展需要，因此又产生了新型的质量管理方法：关联图法、亲和图法（KJ 图法）、系统图法、矩阵图法、过程决策程序图法（PDPC 法）、网络图法和矩阵数据分析法等。本节将介绍这些方法。除了上面提到的这些质量管理方法外，随着统计技术在质量管理中的应用不断深入及应用领域的不断扩大，计算机在质量管理工作中的应用不断得到推广，由此统计过程控制、实验设计、假设检验、回归分析、方差分析、测量系统分析、测量不确定评估等统计技术与方法在质量管理中的应用得到了不断深化。

4.3.1 关联图法

在现实的工程项目中所要解决的课题往往关系到提高产品质量和生产效率、节约资源和预防环境污染等方方面面，而每一方面都与复杂的因素有关。质量管理中的问题同样也是由各样的因素组成。解决如此复杂问题，不能以一个管理者为中心。一个一个因素地予以解决，必须由多方管理者和多方有关人员密切配合，在广阔的范围内开展卓有成效的工作。关联图法即是适用于这种情况的方法。

（1）关联图法的概念

所谓关联图，是把若干存在的问题及因素间的因果关系用箭头连接起来的一种图示工具，是一种关联分析说明图。通过关联图可以找出因素之间的因果关系，便于通观全局、全面分析以及拟定解决问题的措施和计划。

关联图表示的基本形式是把问题和要因圈起来，用箭头表示其因果关系，箭头总是从原因到结果或从目的到手段，见图 4-20。

（2）关联图的用途

① 制订全面质量管理计划；

② 制订质量保证与质量管理方针；

③ 制订生产过程的质量改进措施；

④ 解决工期、工序管理上的问题；

⑤ 改进各部门的工作。

（3）关联图的种类

① 中央集中型关联图。把重要问题或终端因素安排在中央，从关系最近要因排列逐步向四周扩散，见图4-21。

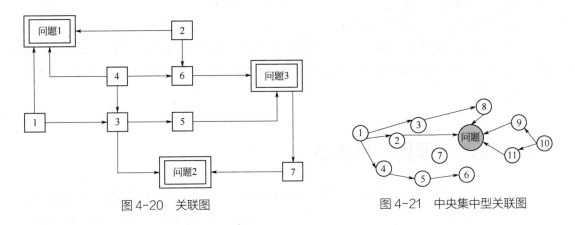

图4-20　关联图　　　　　　　　　　　　　图4-21　中央集中型关联图

② 单向集约型关联图。把重要项目或应解决的问题放在右侧，将各要因按主要因果关系的顺序从左向右排列，见图4-22。

③ 应用型关联图。以上两种形式为基础加以组合运用，外加部门名称、工序、材料等形成应用型关联图，见图4-23。

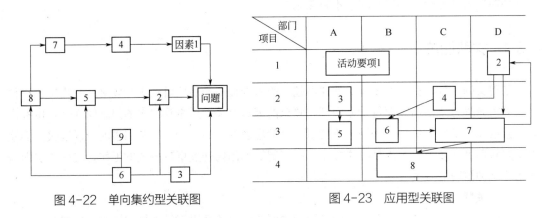

图4-22　单向集约型关联图　　　　　　　　图4-23　应用型关联图

（4）关联图的步骤

① 提出解决某一问题的各种因素；

② 用简明确切的文字表达出来；

③ 确定问题和因素间的因果关系并用箭头连接起来；

④ 重复校对补充遗漏问题和因素；

⑤ 确定终端因素，采取措施。

【示例4-7】关联图应用实例。

某工程基础承台 6700m³ 混凝土，要一次浇筑完成，为保证大、厚体积混凝土的浇筑质量，用关联图寻找水泥水化热大的原因，如图4-24所示，然后采取有效措施予以解决。

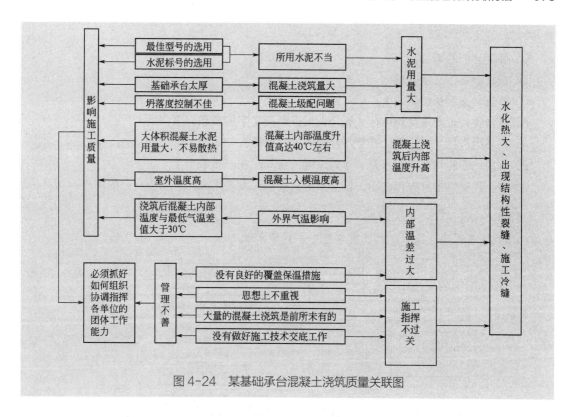

图 4-24　某基础承台混凝土浇筑质量关联图

4.3.2　KJ 图法

（1）KJ 图法的概念

KJ 图法又称亲和图法或 A 型图解法，是 1953 年日本人川喜田二郎在探险尼泊尔时，对野外调查结果的资料进行整理时研究开发出来的，是针对某一问题，充分收集各种经验、知识、创意、意见等语言文字材料，按照其相互亲和性归纳整理，使问题更为明确，并使大家取得统一认识的方法，是有利于解决的一种方法。

（2）KJ 图的用途

亲和图是典型的思考性方法，它应用于认识事物，形成构思，提出新的方针计划和贯彻方针。KJ 图的主要用途有：

① 制订质量管理方针，拟定质量管理计划；

② 制订新工艺、新技术的质量方针与计划；

③ 开展质量管理小组活动；

④ 研究质量保证应有的做法。

（3）KJ 图的种类

亲和图通常根据参与的人员分类，一般可以分成两类：

① 个人亲和图：主要工作由一个人进行，重点放在资料的组织管理上。

② 团队亲和图：由两个或两个以上的人员进行，重点放在策略上。

（4）KJ 图绘制步骤

KJ 图不需将现象数据化，它只要搜集语言、文字之类的资料，然后把它们综合归纳为问题，其步骤为：

① 确定分析的题目；

② 搜集语言、文字资料；

③ 将语言文字资料做成卡片；

④ 将内容相近的卡片集中在一起，即根据语言文字的亲和性来归纳卡片；

⑤ 将各组卡片立出标题，并将不合适的卡片删除；

⑥ 作图，即将每组卡片展开，排列位置，将其贴在一张纸上；

⑦ 将上述文字卡片做出的图，以文字形式或口头发表出来，并指出自己的观点。

【示例4-8】亲和图应用实例。

图4-25是用亲和图来解剖抹灰工程质量管理计划。

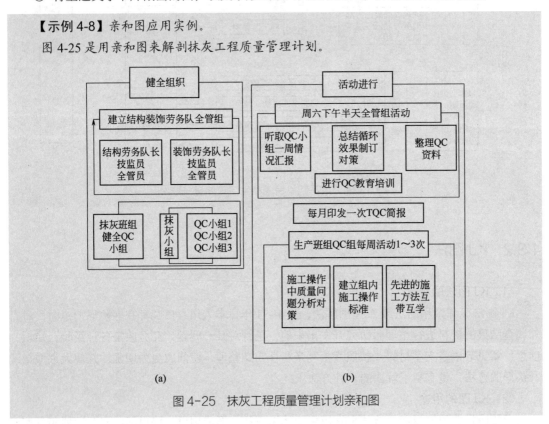

图4-25　抹灰工程质量管理计划亲和图

4.3.3　系统图法

（1）系统图的概念

所谓系统图法，就是把要达到的目的（目标）与需要采取的措施或手段系统地展开，并绘制成图，以明确问题的重点，寻找最佳手段或措施，如图4-26所示。

在计划与决策中，为达到某种目的，就需要选择和考虑某种手段；而为了采取这一手段，又需要考虑下一级的相应手段。这样，上一级

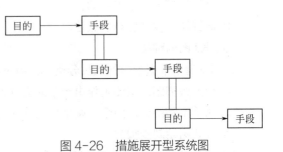

图4-26　措施展开型系统图

手段成为下一级的目的。把要达到的目的和需要的手段层层分离，直到可以采取措施为止，绘成系统图，就能对问题有个全新的认识，然后从图中找出问题的重点，提出实现预定目标的理想途径。

（2）系统图的用途

① 新产品开发过程中进行质量设计展开；

② 施工中项目管理目标的分解和展开；

③ 解决企业内部的质量、成本、产量等问题时进行措施展开；

④ 企业方针、目标、实施事项的展开；

⑤ 用以明确部门职能、管理职能和寻求有效的措施。

（3）系统图的种类

系统图法中，所用的系统图一般可分为两种，一种是措施展开型系统图，如图 4-26 所示，另一种是构成要素展开型系统图，如图 4-27 所示。

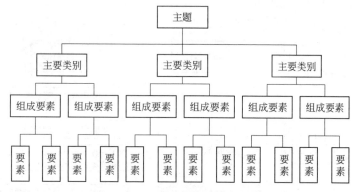

图 4-27　构成要素展开型系统图

措施展开型系统图就是显示目的与手段之间的相关性，将达到目的的所有手段均写出具体的表现达到目的的可能，并依据措施展开的方法做措施的第一次，第二次，第三次⋯⋯第 n 次展开。

构成要素展开型系统图就是将改善的措施与其内容之间的相关性显示出来，能够让人们了解构成改善措施的事物是什么，并将构成要素做成第一次，第二次⋯⋯第 n 次的展开。

（4）系统图绘制步骤

① 制订目的（目标），并将其记在图的左端；

② 提出手段或方法；

③ 将手段或方法制成卡片；

④ 将卡片贴在目标的右边；

⑤ 将手段、方法看成是目的，再提出达此目的的手段和方法，逐级向下展开，形成系统图；

⑥ 确认目的，由最后一级手段逐步向上级手段（目的）检查，看是否能真正实现此目的。

⑦ 制订实施计划，将系统图的各项手段具体化，确定出实施内容、日程及责任分工等。

系统图的做法如图 4-28 所示。

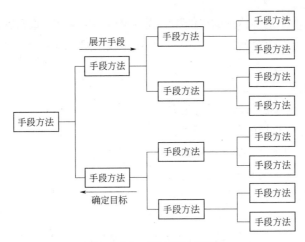

图4-28 系统图的做法

【示例4-9】系统图应用实例。

清水外墙粉刷质量保证系统图见图4-29。

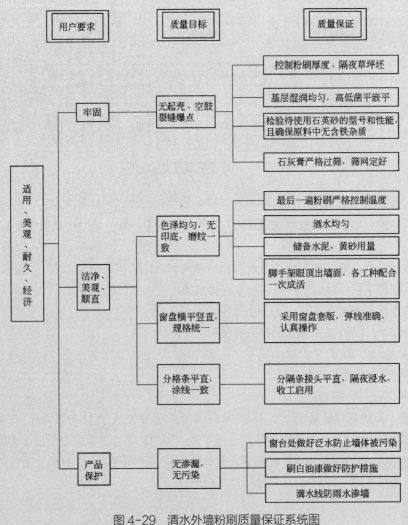

图4-29 清水外墙粉刷质量保证系统图

4.3.4 矩阵图法

（1）矩阵图法的概念

矩阵图是一种利用多维思考逐步明确问题的方法，它是将问题的成对因素（如因果关系、质量特征与质量要求的对应关系、应保证质量特性与负责部门的关系等）排列成行与列的图。

矩阵图由对应事项、事项中的具体元素和对应元素交点三部分组成。其做法是，从问题事项中，列出成堆的要素群，并分别排列成行和列，标出其间行与列的相关性或相关程度大小的一种方法。对于两个以上目的或结果要找出原因或对策时，用矩阵图比其他工具更为方便。

（2）矩阵图法的用途

① 确定系统产品的研制或改革重点；

② 原材料的质量展开以及其他展开；

③ 建立或加强能使产品质量与管理技能相关联的质量保证体制；

④ 追加生产过程中的不良原因等。

（3）矩阵图的种类

在矩阵图法中，按矩阵图的形式可分为 L 型矩阵、T 型矩阵、Y 型矩阵、X 型矩阵和 C 型矩阵五大类。C 型矩阵不常用，实际使用过程中通常将其分解成三张 L 型矩阵图联合分析，因此在这里不作介绍。

① L 型矩阵。这是一种最基本的矩阵图，它是将由 A 要素与 B 要素组成的事件按行和列排列成如图 4-30 那样的矩阵图。这种 L 型矩阵图适用于探讨多种目的与多种手段之间、多种结果与多种原因之间的关系。

② T 型矩阵。这是 A 要素与 B 要素的 L 矩阵图，同 A 要素与 C 要素的 L 矩阵图的组合使用的矩阵图，如图 4-31 所示，即 A 要素分别是与 B 和 C 要素相应的矩阵图。

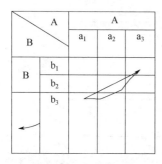

图 4-30 L 型矩阵图

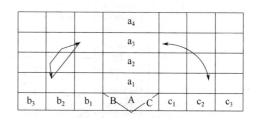

图 4-31 T 型矩阵图

③ Y 型矩阵。把三个 L 型矩阵图组合在一起，构成 Y 型矩阵图（图 4-32），即 A 要素与 B 要素、B 要素与 C 要素、C 要素与 A 要素三个 L 型矩阵组合使用。

④ X 型矩阵。把四个 L 型矩阵图组合在一起，构成 X 型矩阵图，即 A 要素与 B 要素、B 要素与 C 要素、C 要素与 D 要素、D 要素与 A 要素四个 L 型矩阵组合使用。如图 4-33 所示。

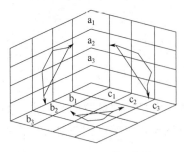

图 4-32　Y 型矩阵图

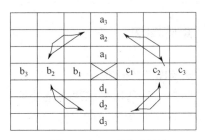

图 4-33　X 型矩阵图

（4）矩阵图的绘制步骤

以 L 型矩阵图的制作为例：

① 确定使用目的，矩形图在制作过程中，常因使用目的不同而有不同的制作方法；

② 确定各要素，如果是绘制产品质量要求的矩阵图，则需要注意处理质量要求和代用特性之间的关系，尽量将代用特性细分展开后，填入列的子项中；

③ 将行与列的项目置在白纸上，制作矩阵图；

④ 观察行与列的关系，在交叉点上注记，交叉点是矩阵图的重点，因此要在交叉点填入关系强弱的记号时，应通过讨论的方式确定；

⑤ 由全体成员查看是否遗漏或需要修改交叉点，并以全体讨论的方式取得共识。

【示例 4-10】矩形图应用实例。

自动化搅拌站的骨料称量与最佳设计机能的系统矩阵图见图 4-34。

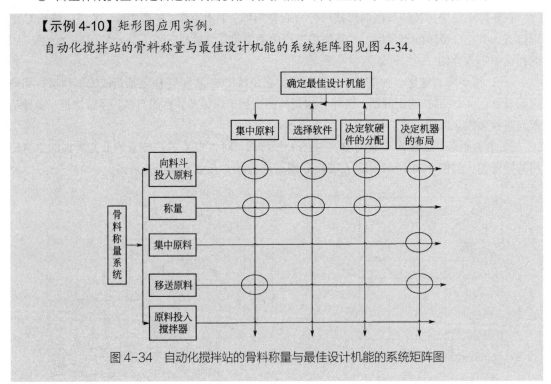

图 4-34　自动化搅拌站的骨料称量与最佳设计机能的系统矩阵图

4.3.5　PDPC 法

在质量管理中，要达到目标或解决问题，总是希望按设计推进原定的各实施步骤，但因各方面情况的变化，往往需要临时改变计划，特别是解决困难的问题，修改计划的情况更是经常发生。为应付这种情况，就提出了一种有助于使事态向理想方向发展的解决问题的方法——PDPC 法。

（1）PDPC 法的概念

过程决策程序图法（Process Decision Program Chart，PDPC 法）是为了解决某个任务或达到某个目标，在制订行动计划或进行方案设计时，预测可能事先可以考虑到的不理想事态或结果，相应地提出多种应变计划的一种方法，如图 4-35 所示。

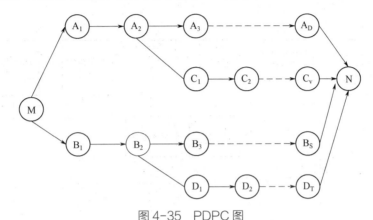

图 4-35　PDPC 图

PDPC 法兼顾预见性和随机应变性。在编制 PDPC 图时，不仅提出各阶段目标和手段（类似系统图），而且还预测实施结果，尽量预见采取措施，已达到令人满意的结果，结果在实施过程中发生了意外情况，则立即对原 PDPC 图作出修改或补充。

（2）PDPC 法的用途

PDPC 法主要适用于下列几个方面：

① 制订方针目标管理中的实施计划，如降低不合格率的实施计划；

② 制订研发项目的实施计划；

③ 对整个系统的重大事故进行预测；

④ 制订控制工序的措施；

⑤ 运用于提高产品或系统的安全性和可靠性的过程中。

（3）PDPC 的种类

一般情况下 PDPC 法可分为依次展开型和强制连接型。

① 依次展开型就立刻标示于图表上。

② 强制连接型就是在进行作业前，为达到目标，在所有过程中被认为有阻碍的因素事先提出，并且制订出对策，将它标示于图表上。

（4）PDPC 法绘图步骤

PDPC 法可按以下步骤进行操作：

① 邀请各方面的人员讨论要解决的问题，会前先提出一系列实施项目的初步方案，便于大家发表意见；

② 从讨论中选定需要研究的事项；

③ 预测实施结果，如果措施无法实施或实施效果不佳，则应进一步提出另外的方案；

④ 确定各项目实施的先后顺序，用箭头向理想状态连线；

⑤ 不同线路上的相关事项可用虚线连接起来；

⑥ 负责几条线路的实施部门，应和几条线路用细线圈起来；

⑦ 确定过程结束的预定日期。

【示例4-11】PDPC应用实例。

图 4-36 是某维修 QC 小组制订的减少设备停机影响均衡生产的 PDPC 图来指导小组工作。

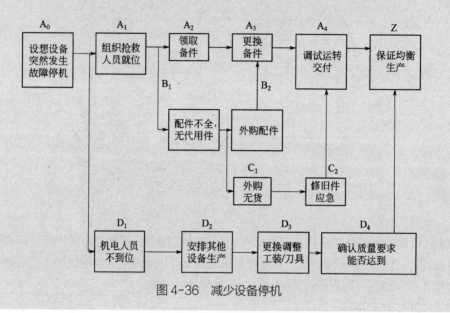

图 4-36　减少设备停机

4.3.6　网络图法

（1）网络图法的概念

网络图法又称箭头图法或网络分析技术，是安排和编制最佳日常计划、有效地实施进度管理的一种科学管理方法。

网络分析技术是把工程或任务作为一个系统加以处理，将组成系统的各项工作的各个阶段，按其时间顺序和从属关系，通过网络形式联系起来。它把一项工程的各项作业的相互依赖和制约的关系清晰地表示出来，指出对全局有影响的关键作业和关键路线。

网络分析技术特别适用于一次性工程或任务。通过箭头图可以发现影响工程进度的关键和非关键因素，因而能统筹安排、协调，合理地利用资源，提高生产效率。工程或任务愈复杂，采用网络分析技术收益愈大，也更便于应用计算机进行数据处理。

（2）网络图法的用途

网络图的应用范围相当广，任何计划均可用于应用。在工程中常用于制订工程进度管理。主要用途有：

① 产品开发的推进计划及其进度管理；

② 各种生产计划及 QC 活动的协调；

③ 为求缩短工时的工程解析；

④ 作业步骤与时间的最优化；

⑤ 各种事物的筹备等。

（3）网络图绘制

① 工程或任务的解剖与分解。在对工程或任务的内容和要求有明确认识的基础上，根据需要可能分解成一定数量的作业。对于庞大的、复杂的工程或任务，常常编制总网络图、分网络图和作业网络图。总网络图主要反映工程主要组成部分之间的组织性联系，它由工程或任务的领导部门掌握；分网络图是各独立的组成部分之间的工作过程和组织的联系；作业网络图是最具体、最详细的生产性网络图，如砌砖墙的步骤安排、基础的浇筑等。

工程或任务经过解剖与分解后，可将分解出的作业名称和本作业与前后作业的关系汇编成表。

② 绘制网络图。有了作业名称和作业先后顺序的清单后，就可以进行网络图的绘制工作。绘制时从第一道作业开始，以一个箭头代表一个作业，依作业先后顺序，由左向右绘制，直到最后一道作业为止。

【示例4-12】网络图应用实例。

现在有一个工程项目需要统筹施工计划，施工计划作业表见表4-12，其中各个作业如图4-37所示，画出网络图。

表 4-12　施工计划作业表

作业名称	先行作业	时间	作业名称	先行作业	时间
A.基础工程		2个月	G.内壁作业	B	2个月
B.骨干组合	A	4个月	H.电路配线	B	1个月
C.建具装设	B	3个月	I.内壁油漆	FGH	2个月
D.外壁工程	B	2个月	J.内壁粉刷	C	2个月
E.外壁粉刷	D	1个月	K.检验交房	EU	1个月
F.管配作业	B				

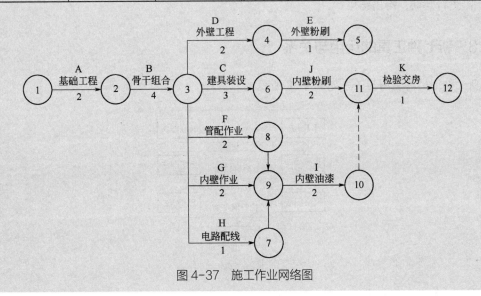

图 4-37　施工作业网络图

4.3.7　矩阵数据分析法

在统计技术的各种方法中，存在着一种用于解析诸多因素复杂地纠合在一起的统计方法，称为多变量分析法（multivariate analysis）。在多变量分析法中，主成分分析法（principal component analysis）理论比较成熟并且得到企业界广泛的应用，该方法在质量管理中的应用称之为矩阵数据分析法。

（1）矩阵数据分析法的概念

矩阵数据分析法是将矩阵图中行与列的相关联度，以数字（如 0，1）配入，并利用主成分得分以（x，y）坐标表示，数目众多的数据经由图解后一目了然。简言之，矩阵数据分析法是为了解矩阵图中排列的众多数据，而进行的整理、计算、判断、解析得出的结果，以决定新产品开发或体制改善重点的一种方法。

（2）矩阵数据分析法的用途

矩阵数据分析法在质量管理中，主要应用于以下方面：

① 分析由复杂因素组成的工序；

② 分析由大量数据组成的不良因素；

③ 从市场调研的数据中把握质量要求，进行产品市场定位分析；

④ 功能特征的分类系统化；

⑤ 对复杂的质量进行评价；

⑥ 对应曲线的数据分析。

（3）矩阵数据分析法的实施步骤

① 收集资料；

② 确定因素对质量的影响程度，求相关系数；

③ 以计算机辅助计算，由相关行列求出固有值及固有向量值；

④ 作出矩阵图；

⑤ 进行判断，得出结果。

4.3.8　新七种工具的运用与关系

新七种工具的运用与关系如图 4-38 所示。

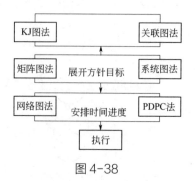

图 4-38

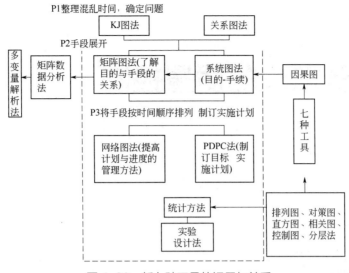

图 4-38　新七种工具的运用与关系

推荐阅读

[1] 苏秦. 质量管理与可靠性. 3 版. 北京：机械工业出版社，2019.

[2] 周冰. QC 手法运用实务. 厦门：厦门大学出版社，2013.

[3] 石川馨. 质量管理入门. 3 版. 北京：机械工业出版社，2016.

课后习题

1.【多选题】生产过程处于不稳定状态是由于（　　）的影响。

A. 偶然性原因　　　　　　　　　B. 系统性原因

C. 人、材料　　　　　　　　　　D. 机械设备方法和环境

2.【单选题】直方图中出现了绝壁型直方图，是由于（　　）。

A. 分组不当或组距确定不当而造成

B. 操作中对上限（下限）控制太严而造成

C. 两种不同方法或两台设备进行生产而造成

D. 数据收集不正常，有意识地去掉了下限以下的数据而造成

3.【判断题】在质量控制中，系统整理分析某个质量问题与其产生原因之间的关系可采用排列图法。（　　）

4.【问答题】质量管理新七种工具是什么?

综合题

运用以上一种或几种方法，完成一个具体质量问题（如混凝土强度不足、渗漏）或具体质量事故（如基坑坍塌、脚手架坍塌、模板坍塌等）或具体事故案例的原因分析。

第5章
勘察设计阶段的质量控制

 学习目标

1. 掌握勘察企业资质等相关知识，掌握勘察企业的质量责任和义务及掌握工程勘察阶段的划分及质量控制要求；

2. 掌握设计企业资质等相关知识，掌握设计企业的质量责任和义务及掌握工程设计阶段的划分及质量控制要求。

● **关键词：** 工程勘察阶段、工程设计资质

 案例导读

【事故背景】×××陶瓷建材新城由湖南省××××公司开发建设，×××设计院承担设计。设计工作于 2019 年 9 月开始，2019 年 12 月 28 日结束。设计完成后，立即交付业主实施。

【事故描述】①2020 年 3 月，业主在商住楼施工到二层后发现其一~三层间的两个通道楼梯因设计反向，施工后将无法从三层要求的通道设置出口。②2020 年 6 月 25 日，业主在已施工的 D 地 D01~D07、D16~D20 的 12 栋商住楼中又发现建筑装饰柱与要求的不符，未能形成上下直通的整体。以上两点均造成施工的重大返工。改变楼梯走向重新加模浇灌，打掉已施工的柱体局部，重新修正施工。影响整体性、强度。直接经济损失估算值约为 18 万元。

【原因分析】实质原因：设计错误、设计失误、工作不认真、责任心不强。

①楼梯反向：查设计图纸，图面表达确实错了，事故完全是设计的原因，而不是施工做错了。关键是，整个都错了还是可用的，错在第一、二层与第三层间的楼梯反了。②装饰柱不连通：问题出在阳台栏板线脚设计尺寸超宽了，阻断了柱体的连续性，导致施工后实际上的柱体间断。原因是拷贝了其他工程的大样（那个工程本来柱的造型就是不连续的），一部分改了，另一部分没有改。

其他原因：①未按规定严格进行三级校审。关于楼梯方案，设计前进行了认真的方案讨论，也是成熟的做法，校审就没有在意了。②内部沟通不够，对造型柱，A 区、D 区为两个人做的，做 D 区的人不知道造型风格与拷贝大样的差异，所以没有改。③现场施工代表没有认真负责，

没有根据施工的进展及时发现问题，到施工完了才发现，为时已晚。④设计工期较为紧张，其设计时间本来是充足的，但由于业主在设计过程中随时来更改要求，致使方案确定后设计制图仅有 20 余天时间，造成事实上的设计时间不够。

建设工程勘察，是指根据建设工程的要求，查明、分析、评价建设场地的地质、地理环境特征和岩土工程条件，编制建设工程勘察文件的活动。建设工程设计，是指根据建设工程的要求，对建设工程所需的技术、经济、资源、环境等条件进行综合分析、论证，编制建设工程设计文件的活动。从事建设工程勘察、设计活动，应当坚持先勘察、后设计、再施工的原则。建设工程勘察、设计单位必须依法进行建设工程勘察、设计，严格执行工程建设强制性标准，并对建设工程勘察、设计的质量负责。国家对从事建设工程勘察、设计活动的单位，实行资质管理制度。

5.1　工程勘察阶段的质量控制

5.1.1　工程勘察

建设工程勘察，是指根据建设工程的要求，查明、分析、评价建设场地的地质地理环境特征和岩土工程条件，编制建设工程勘察文件的活动。

工程勘察企业应当按照有关建设工程质量的法律、法规、工程建设强制性标准和勘察合同进行勘察工作，并对勘察质量负责。勘察文件应当符合国家规定的勘察深度要求，必须真实、准确。满足建设工程规划、选址、设计、岩土治理和施工的需要。

5.1.2　工程勘察各阶段工作要求

（1）可行性研究勘察

选址勘察，其目的是要通过搜集、分析已有资料，进行现场勘察。必要时，进行工程地质测绘和少量勘探工作，对拟选场址的稳定性和适宜性作出岩土工程评价，进行技术经济论证和方案比较，以满足确定场地方案的要求，从而从总体上判定拟建场地的工程地质条件是否适宜工程建设项目。

（2）初步勘察

指在可行性研究勘察的基础上，对场地内建筑地段的稳定性作出岩土工程评价，并为确定建筑总平面布置、主要建筑物地基基础方案及对不良地质现象的防治工作方案进行论证，满足初步设计或扩大初步设计的要求。

（3）详细勘察

详细勘察提出设计所需的工程地质条件的各项技术参数，对基础设计、地基基础处理与加固、不良地质现象的防治工程等具体方案作出岩土工程计算与评价，以满足施工图设计的要求。

工程勘察的工作程序一般是：承接勘察任务、搜集已有资料、现场踏勘、编制勘察纲要、出工前准备、野外调查、测绘、勘探、试验、分析资料、编制图件和报告等。对于大型工程或者地质条件复杂的工程，工程勘察单位要做好施工阶段的勘察配合、地质编录和勘察资料验收等工作，如发现有影响设计的地形、地质问题，应进行补充勘察和过程监测。

5.1.3　工程勘察资质

工程勘察资质分为三个类别：

（1）工程勘察综合资质

包括全部工程勘察专业资质的工程勘察资质。工程勘察综合资质只设甲级。承担各类建设工程项目的岩土工程、水文地质勘察、工程测量业务（海洋工程勘察除外），其规模不受限制（岩土工程勘察丙级项目除外）。

（2）工程勘察专业资质

包括：岩土工程专业资质、水文地质勘察专业资质和工程测量专业资质。其中，岩土工程专业资质包括：岩土工程勘察、岩土工程设计、岩土工程物探测试检测监测等岩土工程（分项）专业资质。

岩土工程、岩土工程设计、岩土工程物探测试检测监测专业资质设甲、乙两个级别；岩土工程勘察、水文地质勘察、工程测量专业资质设甲、乙、丙三个级别。

专业甲级可承担本专业资质范围内各类建设工程项目的工程勘察业务，其规模不受限制；专业乙级可承担本专业资质范围内各类建设工程项目乙级及以下规模的工程勘察业务；专业丙级可承担本专业资质范围内各类建设工程项目丙级规模的工程勘察业务。

（3）工程勘察劳务资质

包括：工程钻探和凿井。工程勘察劳务资质不分等级。承担相应的工程钻探、凿井等工程勘察劳务业务。

5.1.4　工程勘察单位的质量责任和义务

① 从事建设工程勘察单位应当依法取得相应等级的资质证书，并在其资质等级许可的范围内承揽工程。禁止勘察单位超越其资质等级许可的范围或者以其他勘察单位的名义承揽工程。禁止勘察单位允许其他单位或者个人以本单位的名义承揽工程。勘察、设计单位不得转包或者违法分包所承揽的工程。

② 勘察单位必须按照工程建设强制性标准进行勘察，并对其勘察的质量负责。

③ 勘察单位提供的地质、测量、水文等勘察成果必须真实、准确。

④ 国家对从事建设工程勘察活动的专业技术人员［国家注册土木工程师（岩土）］，实行执业资格注册管理制度。未经注册的建设工程勘察人员，不得以注册执业人员的名义从事建设工程勘察活动。建设工程勘察注册执业人员和其他专业技术人员只能受聘于一个建设工程勘察单位；未受聘于建设工程勘察单位的，不得从事建设工程的勘察活动。

⑤ 健全勘察质量管理体系和质量责任制度。

⑥ 有权拒绝用户提出的违反国家有关规定的不合理要求，有权提出保证工程勘察质量所必需的现场工作条件和合理工期。

⑦ 参与施工验槽，及时解决工程设计和施工中与勘察工作有关的问题。

⑧ 参与建设工程质量事故的分析，并对因勘察原因造成的质量事故，提出相应的技术处理方案资格。

⑨ 项目负责人、审核人、审定人及有关技术人员应当具有相应的技术职称或者注册项目负责人应当组织有关人员做好现场踏勘、调查，按照要求编写"勘察纲要"，并对勘察过程中各项作业资料验收和签字。

⑩ 企业的法定代表人、项目负责人、审核人、审定人等相关人员，应当在勘察文件上签字或者盖章，并对勘察质量负责。

⑪ 工程勘察工作的原始记录应当在勘察过程中及时整理、核对，确保取样、记录的真实和准确，严禁离开现场追记或者补记。工程勘察企业应当确保仪器、设备的完好。钻探、取样的机具设备、原位测试、室内试验及测量仪器等应当符合有关规范、规程的要求。

⑫ 工程勘察企业应当加强职工技术培训和职业道德教育，提高勘察人员的质量责任意识。观测员、试验员、记录员、机长等现场作业人员应当接受专业培训，方可上岗。

⑬ 工程勘察企业应当加强技术档案的管理工作。工程项目完成后，必须将全部资料分类编目，装订成册，归档保存。

5.1.5　工程勘察质量控制的要点

工程勘察是一项技术性、专业性较强的工作，工程勘察质量控制的基本方法是按照质量控制的基本原理对工程勘察的五大质量影响因素进行检查和过程控制。工程勘察质量控制的要点为：

（1）选择工程勘察单位

按照原国家计委和原建设部的有关规定，凡是在国家建设工程设计资质分级标准规定范围内的建设工程项目，建设单位均应委托具有相应资质等级的工程勘察单位承担勘察业务工作，委托可采用竞选委托、直接委托或招标三种方式，其中竞选委托可以采取公开竞选或邀请竞选的形式，招标亦可采用公开招标和邀请招标形式，但规定了强制招标或竞选的范围。建设单位原则上应将整个建设工程项目的勘察业务委托给一个勘察单位，也可以根据勘察业务的专业特点和技术要求分别委托几个勘察单位。在选择勘察单位时，除重点对其资质进行控制外，还要检查勘察单位的技术管理制度和质量管理程序，考察勘察单位的专职技术骨干素质、业绩及服务意识。

（2）工程勘察方案质量控制

工程勘察单位在实施勘察前，应结合工程勘察的工作内容和深度要求，遵守工程勘察规范、规程的规定，结合工程的特点编制工程勘察方案。工程勘察方案要体现规划、设计意图，反映工程现场地质概况和地形特点，满足任务书和合同工期的要求。工程勘察方案要求合理，人员、机具配备齐全，项目技术管理制度健全，工作质量责任体系健全。工程勘察方案应由项目负责人主持编写，由勘察单位技术负责人审批。工程勘察方案应突出不同勘察阶段及具体勘察工作的质量控制重点。初步勘察阶段应按工程勘察等级确认勘探点、线、网布置的合理性、控制性，勘探孔的位置、数量、孔深、取样数量等。

（3）勘察现场作业的质量控制

在工程勘察现场，主要质量控制要点为：①现场作业人员要持证上岗；②严格执行"勘察工作方案"及有关"操作规程"；③原始记录表格应按要求认真填写，并经有关人员检查签字；④勘察仪器、设备、机具应通过计量认证，严格执行管理程序；⑤项目负责人应对作业现场进行指导、监督和检查。

（4）勘察文件的质量控制

勘察文件资料的审核与评定是勘察阶段质量控制的重要工作。质量控制的一般要求是：①工程勘察资料、图表、报告等文件要依据工程类别按有关规定执行各级审核、审批程序，并由负责人签字；②工程勘察成果应齐全、可靠，满足国家有关法规及技术标准和合同规定的要求；③工程勘察成果必须严格按照质量管理有关程序进行检查和验收，质量合格方能提供使用。对工程勘察成果的检查验收和质量评定应当执行国家、行业和地方有关工程勘察成果检查验收评定的规定。

（5）后期服务质量保证

勘察文件交付后，根据工程建设的进展情况，勘察单位做好施工阶段的勘察配合及验收工作，对施工过程中出现的地质问题要进行跟踪服务，做好监测、回访。特别是及时参加验槽、基础工程验收和工程竣工验收及与地基基础有关的工程事故处理工作，保证整个工程建设的总体目标得以实现。

（6）勘察技术档案管理

工程项目完成后，勘察单位应将全部资料，特别是质量审查、监督主要依据的原始资料，分类编目，归档保存。

5.1.6　工程勘察成果审查

勘察纲要是用于指导勘察工作实施的文件，应在工程勘察实施前编制。勘察纲要应在搜集、分析已有资料和现场踏勘的基础上，依据勘察目的、任务委托要求和相应技术标准，针对拟建工程的特点编制。

勘察报告应通过对前期勘察资料的整理、检查和分析，根据工程特点和设计提出的技术要求编写，应有明确的针对性，能正确反映场地工程地质条件、不良地质作用和地质灾害，做到资料真实完整、评价合理、建议可行。详细勘察阶段的勘察报告应满足施工图设计的要求。对勘察单位提出的勘察成果，包括地形地物测量图、勘测标志、地质勘察报告等要进行核查，重点检查其是否符合委托合同及其有关技术规范标准的要求，验证其真实性、准确性。必要时，应组织专家对勘察成果进行评审。

5.2　工程设计阶段的质量控制

建设工程勘察、设计单位应当在其资质等级许可的范围内承揽建设工程勘察、设计业务。禁止建设工程勘察、设计单位超越其资质等级许可的范围或者以其他建设工程勘察、设计单位的名义承揽建设工程勘察、设计业务。禁止建设工程勘察、设计单位允许其他单位或者个人以本单位的名义承揽建设工程勘察、设计业务。

5.2.1　建设工程设计

建设工程设计是指根据建设工程的要求，对建设工程所需的技术、经济、资源、环境等条件进行综合分析、论证，编制建设工程设计文件的活动。

建设工程设计单位必须依法进行建设工程设计，严格执行工程建设强制性标准，并对建设工程设计的质量负责。

在一般情况下，设计工作可按两阶段进行，即：初步设计和概算；施工图和预算。对一些技术复杂、工艺新颖的重大项目，则应按三阶段进行设计，即：初步设计和概算；技术设计和修正概算；施工图和预算。对特殊的大型项目，事先还要进行总体设计；但总体设计不作为一个阶段，仅作为初步设计的依据。

5.2.2　建设工程设计的阶段划分

建筑工程一般应分为方案设计、初步设计和施工图设计三个阶段。对于技术要求相对简单的民用建筑工程，当有关主管部门在初步设计阶段没有审查要求，且合同中没有做初步设计的约定时，可在方案设计审批后直接进入施工图设计。有独特要求的项目，或者复杂的、采用新工艺、新技术又缺乏设计经验的重大项目，或有重大技术问题的主体单项工程，在初步设计之后可增加单项技术设计阶段。编制初步设计的目的在于：确定指定地点和规定的建设期限内，拟建工程项目在技术上的可能性和经济上的合理性；保证正确选择建设场地和主要资源；正确拟定项目主要技术决定合理地确定总投资和主要技术经济指标。为此，初步设计应包括以下主要内容：设计依据；建设规模；产品方案；原料、动力用量和来源；工艺流程；主要设备选型及配置；总图及运输；主要构筑物及建筑物；主要材料用量；新技术采用情况；外部协作条件；占地面积和土地利用情况；公用辅助设施；综合利用及"三废"治理；生活区建设；抗震人防措施；生产组织、劳动定员；技术经济指标；建设顺序和期限；总概算等。对于单个的工业与民用建筑，初步设计的内容则为：建设场地和总平面图；不重复的多层平面图；立面图；主要剖面图；标准构件平面图；主要结构、装饰工程、卫生技术工程和其他设备的特点；概算和技术经济指标等。

按三阶段设计时，初步设计批准后，即编制技术设计。技术设计中包括的内容与初步设计大致相同，但比初步设计更为具体确切。

按两阶段设计时，初步设计批准后，即编制施工图。按三阶段设计时，施工图则以技术设计为编制依据。施工图具有施工总图和施工详图两种形式。在施工总图（平、剖面图）上应标明设备、房屋或构筑物、结构、管道线路各部分的布置，以及它们相互配合、标高和外形尺寸，并应附工厂预制的建筑配件明细表。在施工详图上，应标明房屋或构筑物的一切配件和构件尺寸以及它们之间的连接，结构构件断面图、材料明细表。在施工图阶段，还需编制预算，作为投资拨款和竣工结算的依据。

5.2.3　工程设计资质

工程设计资质标准分为四个序列：工程设计综合资质、工程设计行业资质、工程设计专业资质和工程设计专项资质。

工程设计综合资质只设立甲级，工程设计行业资质和工程设计专业资质设立甲、乙两个级别。根据行业需要，建筑、市政公用、水利、电力（限送变电）、农林和公路行业设立工程设计丙级资质，建筑工程设计专业资质设丁级。建筑行业根据需要设立建筑工程设计事务所资质。

（1）工程设计综合资质

工程设计综合资质是指涵盖 21 个行业（煤炭、化工石化医药、石油天然气、电力、冶金、军工、机械、商物粮、核工业、电子通信广电、轻纺、建材、铁道、公路、水运、民航、市政、农林、水利、海洋、建筑）的设计资质。工程设计综合资质可承担各行业建设工程项目的设计业务，规模不受限制；但在承接工程项目设计时，须满足《工程设计资质标准》中对该工程项目对应的设计类型对人员配置的要求。

（2）**工程设计行业资质**

工程设计行业资质是指涵盖某个行业资质标准中的全部设计类型的设计资质。

工程设计行业甲级资质，可承担本行业建设工程项目主体工程及其配套工程的设计业务，其规模不受限制。工程设计行业乙级资质可承担本行业中、小型建设工程项目的主体工程及其配套工程的设计业务。工程设计行业丙级资质可承担本行业小型建设项目的工程设计业务。

（3）**工程设计专业资质**

工程设计专业资质是指某个行业资质标准中的某一个专业的设计资质。工程设计专业资质设立甲、乙两个级别。

工程设计专业甲级资质，可承担本专业建设工程主体工程及其配套工程的设计业务，其规模不受限制；工程设计专业乙级资质，可承担本专业中、小型建设工程项目的主体工程及其配套工程的设计业务；工程设计专业丙级资质，可承担本专业小型建设项目的设计业务；建筑工程设计丁级资质可承担单体建筑面积 $2000m^2$ 及以下和建筑高度在 $12m$ 及以下的一般公共建筑工程；单体建筑面积 $2000m^2$ 及以下和建筑层数 4 层及以下的砖混结构的一般住宅工程等。

（4）**工程设计专项资质**

工程设计专项资质是指为适应和满足行业发展的需求，对已形成产业的专项技术独立进行设计以及设计、施工一体化而设立的资质。可根据需要设置等级，具体包括建筑装饰（甲乙丙）、建筑智能化系统（甲乙）、建筑幕墙工程（甲乙）、轻型钢结构（甲乙）、风景园林工程（甲乙）、消防设施工程（甲乙）、环境工程（甲乙）和照明工程（甲乙）设计专项资质。

5.2.4 建设工程设计的质量控制

（1）**方案设计内容**

设计说明书，包括各专业设计说明以及投资估算等内容（对于涉及建筑节能、环保、绿色建筑、人防等设计的专业，其设计说明应有相应的专门内容）；总平面图以及相关建筑设计图纸；设计委托或设计合同中规定的透视图、鸟瞰图、模型等。

方案设计的深度：编制方案设计文件，应当满足编制初步设计文件和控制概算的需要。

（2）**初步设计的内容**

设计说明书，包括设计总说明、各专业设计说明（对于涉及建筑节能、环保、绿色建筑、人防、装配式建筑等，其设计说明应有相应的专项内容）；有关专业的设计图纸；主要设备或材料表；工程概算书；有关专业计算书（计算书不属于必须交付的设计文件，但应按本规定相关条款的要求编制）。

初步设计的深度：应当满足编制施工招标文件、主要设备材料订货和编制施工图设计文件的需要。

（3）施工图设计内容

① 合同要求所涉及的所有专业的设计图纸（含图纸目录、说明和必要的设备、材料表等）以及图纸总封面；对于涉及建筑节能设计的专业，其设计说明应有建筑节能设计的专项内容；涉及装配式建筑设计的专业，其设计说明及图纸应有装配式建筑专项设计内容。

② 合同要求的工程预算书。对于方案设计后直接进入施工图设计的项目，若合同未要求编制工程预算书，施工图设计文件应包括工程概算书。

③ 各专业计算书。计算书不属于必须交付的设计文件，但应按相关规定条款的要求编制并归档保存。

施工图设计的深度：编制施工图设计文件，应当满足设备材料采购、非标准设备制作和施工的需要，并注明建设工程合理使用年限。

（4）施工图设计审查

同第 3.2.2 节。

推荐阅读

[1]《建设工程勘察设计管理条例》

[2]《房屋建筑和市政基础设施工程勘察文件编制深度规定》

[3]《建筑工程设计文件编制深度规定》

课后习题

1.【多选题】工程勘察各阶段分别是（　　　）。

A．可行性研究勘察　　　B．初步勘察　　　　　　C．详细勘察　　　　　　D．勘察评估

2.【单选题】（　　　）对场地内建筑地段的稳定性作出岩土工程评价，并为确定建筑总平面布置、主要建筑物地基基础方案及对不良地质现象的防治工作方案进行论证，满足初步设计或扩大初步设计的要求。

A．初步勘察　　　　　B．可行性研究勘察　　　C．详细勘察　　　　　　D．方案勘察

3.【判断题】初步勘察提出设计所需的工程地质条件的各项技术参数，对基础设计、地基基础处理与加固、不良地质现象的防治工程等具体方案作出岩土工程计算与评价，以满足初步设计和扩大的初步设计的要求。（　　　）

4.【问答题】施工图审查的主要内容是什么？

综合题

小组作业：关于是否取消施工图设计审查制度的讨论与辩论。

第6章
施工阶段质量控制

学习目标

1. 掌握施工质量计划的形式和内容;
2. 熟悉质量影响要素;
3. 掌握施工准备阶段和施工过程质量控制的各个环节及要求。

• **关键词:** 施工质量计划、施工质量影响因素、施工质量控制点

案例导读

【事故背景】2017年3月24日,某市建委所属市质安总队在对监管的建设项目开复工抽查中发现,粤翠名邸项目10号楼混凝土强度未达到设计要求。建设楼体的混凝土强度应为C25,而施工时却使用的是C15,导致结构强度不够,最终造成18栋主体已完成的住宅楼,被迫全部拆除重建。某市建筑设计院和某市大学建筑设计研究院依据复核验算混凝土强度取值和原施工图设计文件计算模型,逐栋逐层逐部位逐节点对已施工的1~19号楼、19A号楼和地下车库进行了结构安全验算。根据设计复核及专家组论证意见,依据施工图设计文件、施工合同等相关资料和目前已完工部位,从技术角度认为需拆除的栋号为1号楼、2号楼、5号楼、10号楼、19号楼、19A号楼地面以上建筑,不含地下车库。

【原因分析】根据《某市人民政府关于同意粤翠名邸项目质量事故调查报告的批复》认定,该事故是一起重大工程质量事故。施工总承包单位将企业资质出借给自然人,未履行企业质量管理责任;未按照国家有关建筑工程质量施工规范和标准施工,存在混凝土施工期间随意加水、养护不到位及混凝土强度检验造假等问题;工程质量控制资料不真实,与工程进度不同步;不执行建设行政主管部门下达的停工令,导致施工单位的质量管理体系失控。该事故造成数亿损失。

【责任追究】根据《建设工程质量管理条例》第六十一条规定,住建部决定给予施工单位建筑工程施工总承包一级资质降为建筑工程施工总承包二级资质的行政处罚。

建设工程项目的施工质量控制，有两个方面的含义：一是指项目施工单位的施工质量控制，包括施工总承包、分包单位，综合的和专业的施工质量控制；二是指广义的施工阶段项目质量控制，即除了施工单位的施工质量控制外，还包括建设单位、设计单位、监理单位以及政府质量监督机构，在施工阶段对项目施工质量所实施的监督管理和控制职能。因此，项目管理者应全面理解施工质量控制的内涵，掌握项目施工阶段质量控制的目标、依据与基本环节，以及施工质量计划的编制和施工生产要素、施工准备工作和施工作业过程的质量控制方法。

6.1 概述

（1）相关概念

① 质量与建设工程质量。质量是一组固有特性满足要求的程度。工程质量是满足业主的需要的，符合国家现行的有关法律、法规、技术规范标准、设计文件及合同中对工程的安全、适用、经济、可靠、美观等特性的综合要求的程度。

② 质量管理与施工质量管理。

a. 质量管理。ISO 9000 系列国际标准的定义是：质量方面指挥和控制组织的协调的活动。通常包括质量方针和质量目标的建立、质量策划、质量控制、质量保证和质量改进等。

b. 施工质量管理。施工质量管理是指在工程项目施工安装和竣工验收阶段，指挥和控制施工组织关于质量的相互协调的活动，是工程项目施工围绕着使施工产品质量满足质量要求而开展的策划、组织、计划、实施、检查、监督和审核等所有管理活动的总和。

③ 质量控制与施工质量控制。

a. 质量控制。ISO 9000 系列国际标准的定义，质量控制是质量管理的一部分，是致力于满足质量要求的一系列相关活动。

b. 施工质量控制。在明确的质量方针指导下，通过对施工方案和资源配置的计划、实施、检查和处置，为了实现施工质量目标而进行的事前控制、事中控制和事后控制的系统过程。

（2）建设项目的工程特点

① 产品的单件性。每一个项目都要和周围环境相结合，没有完全相同的两个工程项目，由于周围环境以及地基情况的不同，每个工程项目只能单独设计生产，而不能像一般工业产品那样，同一类型可以批量生产。建筑产品即使采用标准图纸生产，也会由于建设地点、时间、施工组织方法等方面的不同，致使工程项目运作和施工不能标准化，施工质量管理的要求也必然存在巨大差异。

② 工程体型庞大。工程项目是由大量的工程材料、制品和设备构成的实体，体积大，无论是房屋建筑或是铁路、桥梁、码头等土木工程，都会占有很大的外部空间，一般只能露天进行施工生产，施工质量受气候和环境的影响较大。

③ 生产的预约性。施工产品不像一般的工业产品那样先生产后交易，是先交易后生产，即建设单位事先选定施工单位签施工承包合同，然后在施工现场根据合同的条件进行生产，因此，通过招标、竞标、定约、成交等步骤选定施工单位，就成为建筑产品生产的主要交易方式，建设单位事先对该项工程产品的工期、造价和质量提出要求，并在生产过程中对工程质量进行必要的监督控制。

④ 施工的一次性。工程项目施工是不可逆的，当施工出现质量问题，不可能回到原始的状态，严重的质量问题可能导致工程报废。工程项目一般都投资巨大，一旦发生施工质量事故，就会造成重大的经济损失，因此，应一次成功，不能失败。

⑤ 工程的固定性和生产的流动性。每个项目都有一个固定的地点，这个特性决定了工程项目对地基的特殊要求，施工采用的地基处理方案对工程质量产生直接的影响。相对于工程的固定性，生产则表现出了生产的流动性，表现为各种生产要素既在同一工程上流动，又往往同时在不同项目之间流动，由此形成了施工生产管理方式的特殊性。

（3）施工质量控制的特点

① 影响因素多。工程项目的施工质量受到多种因素的影响，这些因素包括地质、水文、气象和周边环境等自然条件因素，勘察、设计、材料、机械、施工工艺、操作方法、技术措施以及管理制度、办法等人为的技术管理因素，要保证工程项目的施工质量，需要对所有这些影响因素进行有效控制。

② 控制的难度大。由于建筑产品的单件性和施工生产的流动性，不具有一般工业产品生产常有的固定的生产流水线、规范化的生产工艺、完善的检测技术、成套的生产设备和稳定的生产环境等条件，不能进行标准化施工，施工质量容易产生波动而且施工场面大、人员多、工序多、关系复杂、作业环境差，都加大了质量控制的难度。

③ 过程控制要求高。工程项目在施工过程中，工序衔接多、中间交接多、隐蔽工程多、施工质量具有一定的过程性和隐蔽性，上道工序的质量往往会影响下道工序的质量，下道工序的施工往往又掩盖了上道工序的质量。因此，在施工质量控制工作中，需要加强对施工过程的质量检查，及时发现和整改存在的质量问题，并及时做好检查、签证记录，为证明施工质量提供必要的证据。

④ 终检的局限性。由于前面所述原因，工程项目建成以后不能像一般工业产品那样可以依靠终检来判断和控制产品的质量；也不可能像工业产品那样将其拆卸或解体检查内在质量，更换不合格的零部件。工程项目的终检（竣工验收）只能从表面进行检查，难以发现在施工过程中产生又被隐蔽了的质量隐患，存在较大的局限性，如果在终检时才发现严重质量问题，要整改也很难，如果不得不推倒重建，必然导致重大损失。

6.1.1 施工质量的基本要求

工程项目施工是实现项目设计意图、形成工程实体的阶段，是最终形成项目质量和实现项目使用价值的阶段。项目施工质量控制是整个工程项目质量控制的关键和重点。

施工质量要达到的最基本要求是：通过施工形成的项目工程实体质量经检查验收合格。验收合格应符合以下规定：

① 符合工程勘察、设计文件的要求；

② 符合《建筑工程施工质量验收统一标准》（GB 50300）和相关专业验收规范的要求；

③ 施工承包合同约定的要求。

合格是对项目质量的最基本要求，国家鼓励采用先进的科学技术和管理方法，提高建设工程质量。

6.1.2　工程施工质量控制的依据

（1）勘察设计文件

工程勘察包括工程测量、工程地质和水文地质勘察等内容。工程勘察成果文件是工程项目选址、工程设计和施工的科学可靠依据，也是项目监理机构审批工程施工组织设计或施工方案、工程地基基础验收等工程质量控制的重要依据。经过批准的设计图纸和技术说明书等设计文件，是质量控制的重要依据。施工图审查报告与审查批准书、施工过程中设计单位出具的工程变更设计都属于设计文件的范畴，是进行质量控制的重要依据。

（2）合同文件

包括建设单位与施工单位签订的施工承包合同、与材料设备供应单位签订的材料设备采购合同等。

（3）有关质量管理方面的法律法规、部门规章与规范性文件

① 法律：《中华人民共和国建筑法》《中华人民共和国刑法》《中华人民共和国消防法》等。

② 行政法规：《建设工程质量管理条例》《民用建筑节能条例》等。

③ 部门规章：《建筑工程施工许可管理办法》《实施工程建设强制性标准监督规定》《房屋建筑和市政基础设施工程质量监督管理规定》等。

④ 规范性文件：《房屋建筑工程施工旁站监理管理办法（试行）》《建设工程质量责任主体和有关机构不良记录管理办法（试行）》《关于建设行政主管部门对工程监理企业履行质量责任加强监督的若干意见》等。

（4）质量标准与技术规范（规程）

质量标准与技术规范（规程）是针对不同行业、不同的质量控制对象而制定的，包括各种有关的标准、规范或规程。根据适用性，标准分为国家标准、行业标准、地方标准和企业标准。它们是建立和维护正常的生产和工作秩序应遵守的准则，也是衡量工程、设备和材料质量的尺度。对于国内工程，国家标准是必须执行与遵守的最低要求，行业标准、地方标准和企业标准的要求不能低于国家标准的要求。企业标准是企业生产与工作的要求与规定，适用于企业的内部管理。

在工程建设国家标准与行业标准中，有些条文用粗体字表达，它们被称为工程建设强制性标准（条文），是指直接涉及工程质量、安全、卫生及环境保护等方面的工程建设标准强制性条文。国家规定，在中华人民共和国境内从事新建、扩建、改建等工程建设活动，必须执行工程建设强制性标准。工程质量监督机构对工程建设施工、监理、验收等执行强制性标准的情况实施监督，项目监理机构在质量控制中不得违反工程建设标准强制性条文的规定。质量控制依据的质量标准与技术规范（规程）主要有以下几类：

① 工程项目施工质量验收标准。这类标准主要是由国家或部门统一制定的，用以作为检验和验收工程项目质量水平所依据的技术法规性文件。例如，《建筑工程施工质量验收统一标准》（GB 50300）、《混凝土结构工程施工质量验收规范》（GB 50204）、《建筑装饰装修工程质量验收标准》（GB 50210）等。对于其他行业如水利、电力、交通等工程项目的质量验收，也有与之类似的相应的质量验收标准。

② 有关工程材料、半成品和构配件质量控制方面的专门技术法规性依据。

a．有关材料及其制品质量的技术标准。诸如水泥、木材及其制品、钢材、砌块、石材、石灰、砂、玻璃、陶瓷及其制品；涂料、保温及吸声材料、防水材料、塑料制品；建筑五金、电缆电线、绝缘材料以及其他材料或制品的质量标准。

b．有关材料或半成品等的取样、试验等方面的技术标准或规程。例如：木材的物理力学试验方法，钢材的机械及工艺试验取样法，水泥安定性试验方法等。

c．有关材料验收、包装、标志方面的技术标准和规定。例如，型钢的验收、包装、标志及质量证明书的一般规定；钢管验收、包装、标志及质量证明书的一般规定等。

③ 控制施工作业活动质量的技术规程。例如电焊施工操作规程、塔吊操作规程、砌体操作规程等。它们是为了保证施工作业活动质量在作业过程中应遵照执行的技术规程。

凡采用新工艺、新技术、新材料的工程，事先应进行试验，并应有权威技术部门的技术鉴定书及有关的质量数据、指标，在此基础上制订相应的质量标准和施工工艺规程，以此作为判断与控制质量的依据。如果拟采用的新工艺、新技术、新材料，不符合现行强制性标准规定的，应当由拟采用单位提请建设单位组织专题技术论证，报批标准的建设行政主管部门或者国务院有关主管部门审定。

6.2   施工质量计划的内容与编制方法

6.2.1   施工质量计划的形式和内容

按照《质量管理体系基础和术语》（ISO 9000：2015），质量计划是质量管理体系文件的组成部分。在合同环境下，质量计划是企业向顾客表明质量管理方针、目标及其具体实现的方法、手段和措施的文件，体现企业对质量责任的承诺。

在建筑施工企业的质量管理体系中，以施工项目为对象的质量计划称为施工质量计划。

（1）施工质量计划的形式

目前，我国除了已经建立质量管理体系的施工企业直接采用施工质量计划的形式外，通常还采用在工程项目施工组织设计或施工项目管理实施规划中包含质量计划内容的形式，因此，现行的施工质量计划有三种形式：

① 工程项目施工质量计划；

② 工程项目施工组织设计（含施工质量计划）；

③ 施工项目管理实施规划（含施工质量计划）。

施工组织设计或施工项目管理实施规划之所以能发挥施工质量计划的作用，是因为根据建筑生产的技术经济特点，每个工程项目都需要进行施工生产过程的组织与计划，包括施工质量、进度、成本、安全等目标的设定，实现目标的计划和控制措施的安排等。因此，施工质量计划所要求的内容，理所当然地被包含于施工组织设计或项目管理实施规划中，而且能够充分体现施工项目管理目标（质量、工期、成本、安全）的关联性、制约性和整体性，这也与全面质量管理的思想方法相一致。

（2）施工质量计划的基本内容

在已经建立质量管理体系的情况下，质量计划的内容必须全面体现和落实企业质量管理体系文件的要求（也可引用质量体系文件中的相关条文），编制程序、内容和编制依据符合有关规定，同时结合本工程的特点，在质量计划中编写专项管理要求。施工质量计划的基本内容一般应包括：

① 工程特点及施工条件（合同条件、法规条件和现场条件等）分析；

② 质量总目标及其分解目标；

③ 质量管理组织机构和职责，人员及资源配置计划；

④ 确定施工工艺与操作方法的技术方案和施工组织方案；

⑤ 施工材料、设备等物资的质量管理及控制措施；

⑥ 施工质量检验、检测、试验工作的计划安排及其实施方法与检测标准；

⑦ 施工质量控制点及其跟踪控制的方式与要求；

⑧ 质量记录的要求等。

6.2.2　施工质量计划的编制与审批

（1）施工质量计划的编制主体

施工质量计划应由自控主体即施工承包企业进行编制。在平行发包方式下，各承包单位应分别编制施工质量计划；在总分包模式下，施工总承包单位应编制总承包工程范围的质量计划，各分包单位编制相应分包范围的施工质量计划，作为施工总承包方质量计划的深化和组成部分。施工总承包方有责任对各分包方施工质量计划的编制进行指导和审核，并承担相应施工质量的连带责任。

（2）施工质量计划涵盖的范围

施工质量计划涵盖的范围按整个工程项目质量控制的要求，应与建筑安装工程施工任务的实施范围相一致，以此保证整个项目建筑安装工程的施工质量总体受控。对具体施工任务承包单位而言，施工质量计划涵盖的范围，应能满足其履行工程承包合同质量责任的要求。项目的施工质量计划，应在施工程序、控制组织、控制措施、控制方式等方面，形成一个有机的质量计划系统，确保实现项目质量总目标和各分解目标的控制能力。

（3）施工质量计划的审批

施工单位的项目施工质量计划或施工组织设计文件编成后，应按照工程施工管理程序进行审批，包括施工企业内部的审批和项目监理机构的审查。

① 企业内部的审批。施工单位的项目施工质量计划或施工组织设计的编制与内部审批，应根据企业质量管理程序性文件规定的权限和流程进行。通常是由项目经理部主持编制，报企业组织管理层批准。

施工质量计划或施工组织设计文件的内部审批过程，是施工企业自主技术决策和管理决策的过程，也是发挥企业职能部门与施工项目管理团队的智慧和经验的过程。

② 项目监理机构的审查。实施工程监理的施工项目，按照我国建设工程监理规范的规定，施工总承包单位必须在工程开工前填写"施工组织设计/（专项）施工方案报审表"并附施工组织设计（含施工质量计划），报送项目监理机构审查。项目监理机构应审查施工单位报审的施工

组织设计，符合要求时，应由总监理工程师签认后报建设单位。施工组织设计需要调整时，应按程序重新审查。

③ 审批关系的处理原则。正确执行施工质量计划的审批程序，是正确理解工程质量目标和要求，保证施工部署、技术工艺方案和组织管理措施的合理性、先进性和经济性的重要环节，也是进行施工质量事前预控的重要方法。因此，在执行审批程序时，必须正确处理施工企业内部审批和监理机构审批的关系，其基本原则如下：

充分发挥质量自控主体和监控主体的共同作用，在坚持项目质量标准和质量控制能力的前提下，正确处理承包人利益和项目利益的关系。施工企业内部的审批首先应从履行工程承包合同的角度，审查实现合同质量目标的合理性和可行性，以项目质量计划向发包方提供可信任的依据。

施工质量计划在审批的过程中，对监理机构审查所提出的建议、希望、要求等意见是否采纳以及采纳的程度，应由负责编制的施工单位自主决策。在满足合同和相关法规要求的情况下，确定质量计划的调整、修改和优化，并对相应执行结果承担责任。

经过按规定程序审查批准的施工质量计划，在实施过程中如因条件变化需要对某些重要决定进行修改时，其修改的内容仍应按照相应程序经过审批后执行。

6.2.3　施工质量控制点的设置与管理

施工质量控制点的设置是施工质量计划的重要组成内容，是保证达到工序质量要求的必要前提。

（1）质量控制点的设置

质量控制点是指为了保证工序质量而确定的重点控制对象、关键部位或薄弱环节。对于质量控制点，一般要事先分析可能造成质量问题的原因，再针对原因制订对策和措施进行预控。一般选择那些技术要求高、施工难度大、对工程质量影响大或是发生质量问题时危害大的对象进行设置。一般选择下列部位或环节作为质量控制点：

① 对工程质量形成过程产生直接影响的关键部位、工序、环节及隐蔽工程；
② 施工过程中的薄弱环节，或者质量不稳定的工序、部位或对象；
③ 对下道工序有较大影响的上道工序；
④ 采用新技术、新工艺、新材料的部位或环节；
⑤ 施工质量无把握的、施工条件困难的或技术难度大的工序或环节；
⑥ 用户反馈指出的和过去有过返工的不良工序。

一般建筑工程质量控制点的设置可参考表6-1。

表6-1　质量控制点的设置

分项工程	质量控制点
工程测量定位	标准轴线桩、水平桩、龙门板、定位轴线、标高
地基、基础（含设备基础）	基坑（槽）尺寸、标高、土质、地基承载力，基础垫层标高，基础位置、尺寸、标高，地基、基础预埋件、预留洞孔的位置、标高、规格、数量，基础杯口弹线
砌体	砌体轴线，皮数杆，砂浆配合比，预留洞孔、预埋件的位置、数量，砌块排列

分项工程	质量控制点
模板	位置、标高、尺寸，预留洞孔位置、尺寸，预埋件的位置，模板的承载力、刚度和稳定性，模板内部清理及润湿情况
钢筋混凝土	水泥品种、强度等级，砂石质量，混凝土配合比，外加剂比例，混凝土振捣，钢筋规格、尺寸、搭接长度，钢筋焊接、机械连接，预留洞、孔及预埋件规格、位置、尺寸、数量，预制构件吊装或出厂（脱模）强度，吊装位置、标高、支承长度、焊缝长度
吊装	吊装设备的起重能力、吊具、索具、地锚
钢结构	翻样图、放大样
焊接	焊接条件、焊接工艺
装修	视具体情况而定

（2）质量控制点的重点控制对象

质量控制点的选择要准确，还要根据对重要质量特性进行点控制的要求，选择质量控制点的重点部位、重点工序和重点的质量因素作为质量控制点的重点控制对象，进行重点预控和监控，从而有效地控制和保证施工质量。质量控制点的重点控制对象主要包括以下几个方面：

① 人的行为：某些操作或工序，应以人为重点控制对象，如高空、高温、水下、易燃易爆、重型构件吊装作业以及操作要求高的工序和技术难度大的工序等。这些操作或工序都应从人的生理、心理、技术能力等方面进行控制。

② 材料的质量与性能：这是直接影响工程质量的重要因素，在某些工程中应作为控制的重点。如钢结构工程中使用的高强度螺栓、某些特殊焊接使用的焊条，都应重点控制其材质与性能；又如水泥的质量是直接影响混凝土工程质量的关键因素，施工中就应对进场的水泥质量进行重点控制，必须检查核对其出厂合格证，并按要求进行强度和安定性的复验等。

③ 施工方法与关键操作：某些直接影响工程质量的关键操作应作为控制的重点，如预应力钢筋的张拉施工工艺操作过程及张拉力的控制，是可靠地建立预应力值和保证预应力构件质量的关键过程。同时，那些易对工程质量产生重大影响的施工方法，也应列为控制的重点，如大模板施工中模板的稳定和组装问题、液压滑模施工时支撑杆稳定问题、升板法施工中提升量的控制问题等。

④ 施工技术参数：如混凝土的外加剂掺量、水灰比、回填土的含水量、砌体的砂浆饱满度、防水混凝土的抗渗等级、建筑物沉降与基坑边坡稳定监测数据、大体积混凝土内外温差及混凝土冬期施工受冻临界强度等技术参数都是应重点控制的质量参数与指标。

⑤ 技术间歇：有些工序之间必须留有必要的技术间歇时间，如砌筑与抹灰之间，应在墙体砌筑后留 6～10 天时间，让墙体充分沉陷、稳定、干燥，然后再抹灰，抹灰层干燥后，才能喷白、刷浆；混凝土浇筑与模板拆除之间，应保证混凝土有一定的硬化时间，达到规定拆模强度后方可拆除等。

⑥ 施工顺序：某些工序之间必须严格控制先后的施工顺序，如对冷拉的钢筋应当先焊接后冷拉，否则会失去冷强；屋架的安装固定，应采取对角同时施焊方法，否则会由于焊接应力导致校正好的屋架发生倾斜。

⑦ 易发生或常见的质量通病：如混凝土工程的蜂窝、麻面、空洞，墙、地面、屋面工程渗水、漏水、空鼓、起砂、裂缝等，都与工序操作有关，均应事先研究对策，提出预防措施。

⑧ 新技术、新材料及新工艺的应用：由于缺乏经验，施工时应将其作为重点进行控制。

⑨ 产品质量不稳定和不合格率较高的工序应列为重点，认真分析，严格控制。

⑩ 特殊地基或特种结构：对于湿陷性黄土、膨胀土、红黏土等特殊土地基的处理，以及大跨度结构、高耸结构等技术难度较大的施工环节和重要部位，均应予以特别重视。

（3）质量控制点的管理

设置质量控制点，质量控制的目标及工作重点就更加明晰。

首先，要做好施工质量控制点的事前质量预控工作，包括：明确质量控制的目标与控制参数；编制作业指导书和质量控制措施；确定质量检查检验方式及抽样的数量与方法；明确检查结果的判断标准及质量记录与信息反馈要求等。

其次，要向施工作业班组进行认真交底，使每一个控制点上的作业人员明白施工操作规程及质量检验评定标准，掌握施工操作要领；在施工过程中，相关技术管理和质量人员要在现场进行重点指导和检查验收。

同时，还要做好施工质量控制点的动态设置和动态跟踪管理。所谓动态设置，是指在工程开工前、设计交底和图纸会审时，确定项目的一批质量控制点，随着工程的展开，施工条件的变化，随时或定期进行控制点的调整和更新。动态跟踪是应用动态控制原理落实专人负责跟踪和记录控制点质量控制的状态和效果，并及时向项目管理组织的高层管理者反馈质量控制信息，保持施工质量控制点的受控状态。

对于危险性较大的分部分项工程或特殊施工过程，除按一般过程质量控制的规定执行外，还应由专业技术人员编制专项施工方案或作业指导书，经施工单位技术负责人、项目总监理工程师、建设单位项目负责人签字后执行。超过一定规模的危险性较大的分部分项工程，还要组织专家对专项方案进行论证。作业前施工员、技术员做好交底和记录，使操作人员在明确工艺标准、质量要求的基础上进行作业。为保证质量控制点的目标实现，应严格按照三级检查制度进行检查控制。在施工中发现质量控制点有异常时，应立即停止施工，召开分析会，查找原因，采取对策，予以解决。

施工单位应积极主动地支持、配合监理工程师的工作，应根据现场工程监理机构的要求，对施工作业质量控制点，按照不同的性质和管理要求，细分为"见证点"和"待检点"进行施工质量的监督和检查。凡属"见证点"的施工作业，如重要部位、特种作业、专门工艺等，施工方必须在该项作业开始前，书面通知现场监理机构到位旁站，见证施工作业过程；凡属"待检点"的施工作业，如隐蔽工程等，施工方必须在完成施工质量自检的基础上，提前通知项目监理机构进行检查验收，然后才能进行工程隐蔽或下道工序的施工。未经过项目监理机构检查验收合格，不得进行工程隐蔽或下道工序的施工。

6.3 施工质量的影响要素分析

施工生产要素是施工质量形成的物质基础，其质量的含义包括：作为劳动主体的施工人员，即直接参与施工的管理者、作业者的素质及其组织效果；作为劳动对象的建筑材料、半成品、工程用品、设备等的质量；作为劳动方法的施工工艺及技术措施的水平；作为劳动手段的施工机械、设备、工具、模具等的技术性能；以及施工环境——现场水文、地质、气象等自然环境，通风、照明、安全等作业环境以及协调配合的管理环境。

6.3.1 施工人员的质量控制

施工人员的质量包括参与工程施工各类人员的施工技能、文化素养、生理体能、心理行为等方面的个体素质，以及经过合理组织和激励发挥个体潜能综合形成的群体素质。因此，企业应通过择优录用、加强思想教育及技能方面的教育培训，合理组织、严格考核并辅以必要的激励机制，使企业员工的潜在能力得到充分的发挥和最好的组合，使施工人员在质量控制系统中发挥主体自控作用。

施工企业必须坚持执业资格注册制度和作业人员持证上岗制度；对所选派的施工项目领导者、组织者进行教育和培训，使其质量意识和组织管理能力能满足施工质量控制的要求；对所属施工队伍进行全员培训，加强质量意识的教育和技术训练，提高每个作业者的质量活动能力和自控能力；对分包单位进行严格的资质考核和施工人员的资格考核，其资质、资格必须符合相关法规的规定，与其分包的工程相适应。

6.3.2 材料设备的质量控制

原材料、半成品及工程设备是工程实体的构成部分，其质量是项目工程实体质量的基础。加强原材料、半成品及工程设备的质量控制，不仅是提高工程质量的必要条件，也是实现工程项目投资目标和进度目标的前提。

对原材料、半成品及工程设备进行质量控制的主要内容为：控制材料设备的性能、标准、技术参数与设计文件的相符性；控制材料、设备各项技术性能指标、检验测试指标与标准规范要求的相符性；控制材料、设备进场验收程序的正确性及质量文件资料的完备性；控制优先采用节能低碳的新型建筑材料和设备，禁止使用国家明令禁用或淘汰的建筑材料和设备等。

施工单位应在施工过程中贯彻执行企业质量程序文件中关于材料和设备封样、采购、进场检验、抽样检测及质保资料提交等方面明确规定的一系列控制标准。

6.3.3 工艺方案的质量控制

施工工艺的先进合理是直接影响工程质量、工程进度及工程造价的关键因素，施工工艺的合理可靠也直接影响到工程施工安全。因此在工程项目质量控制系统中，制订和采用技术先进、经济合理、安全可靠的施工技术工艺方案，是工程质量控制的重要环节。对施工工艺方案的质量控制主要包括以下内容：

① 深入正确地分析工程特征、技术关键及环境条件等资料，明确质量目标、验收标准、控制的重点和难点；

② 制订合理有效的有针对性的施工技术方案和组织方案，前者包括施工工艺、施工方法，后者包括施工区段划分、施工流向及劳动组织等；

③ 合理选用施工机械设备和设置施工临时设施，合理布置施工总平面图和各阶段施工平面图；

④ 选用和设计保证质量和安全的模具、脚手架等施工设备;

⑤ 编制工程所采用的新材料、新技术、新工艺的专项技术方案和质量管理方案;

⑥ 针对工程具体情况,分析气象、地质等环境因素对施工的影响,制订应对措施。

6.3.4　施工机械的质量控制

施工机械是指施工过程中使用的各类机械设备,包括起重运输设备、人货两用电梯、加工机械、操作工具、测量仪器、计量器具以及专用工具和施工安全设施等。施工机械设备是所有施工方案和工法得以实施的重要物质基础,合理选择和正确使用施工机械设备是保证施工质量的重要措施。

① 施工所用的机械设备,应根据工程需要从设备选型、主要性能参数及使用操作要求等方面加以控制,符合安全、适用、经济、可靠和节能、环保等方面的要求。

② 施工中使用的模具、脚手架等施工设备,除可按适用的标准定型选用之外,一般需按设计及施工要求进行专项设计,对其设计方案及制作质量的控制和验收应作为重点进行控制。

③ 现行施工管理制度要求,工程所用的施工机械、模板、脚手架,特别是危险性较大的现场安装的起重机械设备,不仅要对其设计安装方案进行审批,而且安装完毕交付使用前必须经专业管理部门的验收,合格后方可使用。

6.3.5　施工环境因素的控制

施工环境因素主要包括施工现场自然环境、施工质量管理环境和施工作业等。施工环境因素对工程质量的影响,具有复杂多变和不确定性的特点。要减少其对施工质量的不利影响,主要是采取预测预防的风险控制方法。

（1）对施工现场自然环境因素的控制

对地质、水文等影响因素,应根据设计要求,分析工程岩土地质资料,预测不利因素,并会同设计等方面制订相应的措施,如基坑降水、排水、加固围护等技术控制方案。

对天气气象方面的影响因素,应在施工方案中制订专项紧急预案,明确在不利条件下的施工措施,落实人员、器材等方面的准备,加强施工过程中的监控与预警。

（2）对施工质量管理环境因素的控制

施工质量管理环境因素主要指施工单位质量保证体系、质量管理制度和各参建施工单位之间的协调等。要根据工程承发包的合同结构,理顺管理关系,建立统一的现场施工组织系统和质量管理的综合运行机制,确保质量保证体系处于良好的状态,创造良好的质量管理环境和氛围,使施工顺利进行,保证施工质量。

（3）对施工作业环境因素的控制

施工作业环境因素主要是指施工现场的给水排水条件,各种能源介质供应,施工照明、通风、安全防护设施,施工场地空间条件和通道,以及交通运输和道路条件等。要认真实施经过审批的施工组织设计和施工方案,落实保证措施,严格执行相关管理制度和施工纪律,保证上述环境条件良好,使施工顺利进行,保证施工质量。

6.4　施工准备的质量控制

6.4.1　施工技术准备主要工作的质量控制

施工技术准备是指在正式开展施工作业活动前进行的技术准备工作。这类工作内容繁多，主要在室内进行，例如：熟悉施工图纸，组织设计交底和图纸审查；进行工程项目检查验收的项目划分和编号；审核相关质量文件，细化施工技术方案和施工人员、机具的配置方案，编制施工作业技术指导书，绘制各种施工详图（如测量放线图、大样图及配筋、配板、配线图表等），进行必要的技术交底和技术培训。如果施工准备工作出错，必然影响施工进度和作业质量，甚至直接导致质量事故的发生。

（1）**图纸会审**

图纸会审是指建设单位、监理单位、施工单位等相关单位，在收到施工图审查机构审查合格的施工图设计文件后，在设计交底前进行的全面细致的熟悉和审查施工图纸的活动。建设单位应及时主持召开图纸会审会议，组织项目监理机构、施工单位等相关人员进行图纸会审，并整理成会审问题清单，由建设单位在设计交底前约定的时间内提交设计单位。图纸会审由施工单位整理会议纪要，与会各方会签。

图纸会审的内容一般包括：

① 审查设计图纸是否满足项目立项的功能和技术可靠、安全、经济适用的需求；

② 图纸是否已经由审查机构签字、盖章；

③ 地质勘探资料是否齐全，设计图纸与说明是否齐全，设计深度是否达到规范要求；

④ 设计地震烈度是否符合当地要求；

⑤ 总平面与施工图的几何尺寸、平面位置、标高等是否一致；

⑥ 防火、消防是否满足要求；

⑦ 各专业图纸本身是否有差错及矛盾，结构图与建筑图的平面尺寸及标高是否一致，建筑图与结构图的表示方法是否清楚，是否符合制图标准，预留、预埋件是否表示清楚；

⑧ 工程材料来源有无保证，新工艺、新材料、新技术的应用有无问题；

⑨ 地基处理方法是否合理，建筑与结构构造是否存在不能施工、不便于施工的技术问题，或容易导致质量、安全、工程费用增加等方面的问题；

⑩ 工艺管道、电气线路、设备装置、运输道路与建筑物之间或相互间有矛盾。

（2）**技术交底**

设计单位交付工程设计文件后，按法律规定的义务就工程设计文件的内容向建设单位、施工单位和监理单位作出详细的说明。帮助施工单位和监理单位正确贯彻设计意图，加深对设计文件特点、难点、疑点的理解，掌握关键工程部位的质量要求，以确保工程质量。设计交底的主要内容一般包括：施工图设计文件总体介绍，设计的意图说明，特殊的工艺要求，建筑、结构、工艺、设备等各专业在施工中的难点、疑点和容易发生的问题说明，以及施工单位、监理单位、建设单位等对设计图纸疑问的解释等。

工程开工前，建设单位应组织并主持召开工程设计技术交底会。先由设计单位进行设计交底，后转入图纸会审问题解释，设计单位对图纸会审问题清单予以解答。通过建设单位、设计单位、监理单位、施工单位及其他相关单位研究协商，确定图纸存在的各种技术问题的解决方案。设计交底会议纪要由设计单位负责整理，与会各方会签。

（3）施工组织设计的编审

施工组织设计❶是施工单位在开工前以施工项目为对象编制的，用以指导施工的技术、经济和管理的综合性文件。开工前由项目负责人主持编制，施工单位技术负责人审批后，交由项目监理机构审查。符合要求时，应由总监理工程师签认后报建设单位。施工单位按已批准的施工组织设计组织施工。

施工组织设计需要调整时，项目监理机构应按程序重新审查。

① 施工组织设计审查的基本内容。

a．编审程序应符合相关规定；

b．施工进度、施工方案及工程保证措施应符合施工合同要求；

c．资金、劳动力、材料、设备等资源供应计划应满足工程施工需要；

d．安全技术措施应符合工程建设强制性标准；

e．施工总平面布置应科学合理。

② 施工组织设计审查的程序要求。

a．施工单位编制的施工组织设计经施工单位技术负责人审核签认后，与施工组织设计报审表❷一并报送项目监理机构。

b．总监工程师应及时组织专业监理工程师进行审查，需要修改的，由总监理工程师签发书面意见退回修改；符合要求的，由总监理工程师签认。

c．已签认的施工组织设计由项目监理机构报送建设单位。

d．施工组织设计实施过程中，施工单位如需做较大的变更，应经总监工程师审查同意。

③ 施工组织设计的质量控制要点。

a．受理施工组织设计。施工组织设计的审查必须是在施工单位编审手续齐全（即有编制人、施工单位技术负责人的签名和施工单位公章）的基础上，由施工单位填写施工组织设计报审表，并按合同约定时间报送项目监理机构。

b．总监理工程师应在约定的时间内，组织各专业监理工程师进行审查，专业监理工程师在报审表上签署审查意见后，总监理工程师审核批准。需要施工单位修改时，由总监理工程师在报审表上签署意见，发回施工单位修改。施工单位修改后重新报审，总监理工程师应组织审查。

施工组织设计应符合国家的技术政策，充分考虑施工合同约定的条件、施工现场条件及法律法规的要求；施工组织设计应针对工程的特点、难点及实施条件，具有可操作性；质量措施切实能保证工程质量目标；采用的技术方案和措施先进、适用、成熟。

c．项目监理机构应将审查施工组织设计的情况，特别是要求发回修改的情况及时向建设单位通报，应将已审定的施工组织设计及时报送建设单位。涉及增加工程措施费的项目，必须与建设单位协商，并征得建设单位的同意。

---

❶《建筑施工组织设计规范》（GB 50502—2009）

❷《建设工程监理规范》（GB/T 50319—2013）

d. 经审查批准的施工组织设计，施工单位应认真贯彻实施，不得擅自任意改动。若需进行实质性的调整、补充或变动，应报项目监理机构审查同意。如果施工单位擅自改动，项目监理机构应及时发出监理通知单，按程序报审。

④ 施工方案。施工方案是以分部（分项）工程或专项工程为主要对象编制的施工技术与组织方案，用以具体指导其施工过程。内容包括：工程概况、施工安排、施工进度计划、施工准备与资源配置计划、施工方法及工艺要求等。

总监理工程师应组织专业监理工程师审查施工单位报审的施工方案，符合要求后予以签认。施工方案审查应包括：

a. 程序性审查。重点审查施工方案的编制人、审批人是否符合有关权限规定的要求。根据相关规定，通常情况下，施工方案应由项目技术负责人组织编制，并经施工单位技术负责人审批签字后提交项目监理机构。项目监理机构在审批施工方案时，应检查施工单位的内部审批程序是否完善、签章是否齐全，重点核对审批人是否为施工单位技术负责人。

b. 内容性审查。重点审查施工方案是否具有针对性、指导性、可操作性；现场施工管理机构是否建立了完善的质量保证体系，是否明确工程质量要求及目标，是否健全了质量保证体系组织机构及岗位职责，是否配备了相应的质量管理人员，是否建立了各项质量管理制度和质量管理程序等；施工质量保证措施是否符合现行的规范、标准等，特别是与工程建设强制性标准的符合性。

例如：审查建筑地基基础工程土方开挖施工方案，要求土方开挖的顺序、方法必须与设计工况相一致，并遵循"开槽支撑，先撑后挖，分层开挖，严禁超挖"的原则。在质量安全方面的要点是：基坑边坡土不应超过设计荷载，以防边坡塌方；挖方时不应碰撞或损伤支护结构、降水设施；开挖到设计标高后，应对坑底进行保护，验槽合格后，尽快施工垫层，严禁超挖；开挖过程中，对支护结构、周围环境进行观察、监测，发现异常及时处理等。

c. 审查的主要依据。施工方案审查的主要依据包括建设工程施工合同文件及建设工程监理合同；经批准的建设工程项目文件和设计文件；相关法律、法规、规范、规程、标准图集等；其他工程基础资料、工程场地周边环境（含管线）资料等。

技术准备工作的质量控制，还包括对上述技术准备工作成果的复核审查，检查这些成果是否符合设计图纸和施工技术标准的要求；依据经过审批的施工组织计划（含质量计划）审查、完善施工质量控制措施；针对质量控制点，明确质量控制的重点对象和控制方法；尽可能地提高上述工作成果对施工质量的保证程度等。

6.4.2　施工现场准备主要工作的质量控制

（1）计量控制

计量控制是施工质量控制的一项重要基础工作。施工过程中的计量，包括施工生产时的投料计量、施工测量、监测计量以及对项目、产品或过程的测试、检验、分析计量等。开工前要建立和完善施工现场计量管理的规章制度；明确计量控制责任者和配置必要的计量人员；严格按规定对计量器具进行维修和校验；统一计量单位，组织量值传递，保证量值统一，从而保证施工过程中计量的准确。

另外，施工单位还有一些用于现场计量的设备，包括施工中使用的衡器、量具、计量装置等。施工单位应按有关规定定期对计量设备进行检查、检定，确保计量设备的精确性和可靠性。专业监理工程师应定期审查施工单位提交的影响工程质量的计量设备的检查和检定报告。

（2）测量控制

工程测量放线是建设工程产品由设计转化为实物的第一步。施工测量质量的好坏，直接决定工程的定位和标高是否正确，并且制约施工过程有关工序的质量。因此，施工单位在开工前应编制测量控制方案，经项目技术负责人批准后实施。要对建设单位提供的原始坐标点、基准线和水准点等测量控制点进行复核，并将复测结果上报监理工程师，审核批准后施工单位才能建立施工测量控制网，进行工程定位和标高基准的控制。

监理工程师在进行查验施工控制测量成果时，检查、复核内容包括：施工单位测量人员的资格证书及测量设备检定证书；施工平面控制网、高程控制网和临时水准点的测量成果及控制桩的保护措施等。还应审查施工单位的测量依据、测量成果是否符合规范及标准要求，符合要求的，予以签认。

（3）施工平面图控制

建设单位应按照合同约定并充分考虑施工的实际需要，事先划定并提供施工用地和现场临时设施用地的范围，协调平衡和审查批准各施工单位的施工平面设计。施工单位要严格按照批准的施工平面布置图，科学合理地使用施工场地，正确安装施工机械设备和设置临时设施，维护现场施工道路畅通无阻和通信设施完好，合理控制材料的进场与堆放，保持良好的防洪排水能力，保证充分的给水和供电。建设（监理）单位应会同施工单位制订严格的施工场地管理制度、施工纪律和相应的奖惩措施，严禁乱占场地和擅自断水、断电、断路，及时制止和处理各种违纪行为，并做好施工现场的质量检查记录。

（4）建立健全施工现场质量管理制度

工程开工前，项目监理机构应审查施工单位现场的质量管理组织机构、管理制度及专职管理人员和特种作业人员的资格，主要内容包括：项目部质量管理体系；现场质量责任制；主要专业工种操作岗位证书；分包单位管理制度；图纸会审记录；地质勘察资料；施工技术标准；施工组织设计、施工方案编制及审批；物资采购管理制度；施工设施和机械设备管理制度；计量设备配备；检测试验管理制度；工程质量检查验收制度等。

（5）分包单位的选择

施工单位应严格按照要求选择合适的分包商，并在分包工程开工前，将分包单位资格及有关资料报送项目监理机构。报送内容主要包括：①营业执照、企业资质等级证书；②安全生产许可文件；③类似工程业绩；④专职管理人员和特种作业人员的资格。

专业监理工程师审查分包单位资质材料时，在审查过程中需与建设单位进行有效沟通。应查验建筑业企业资质证书、企业法人营业执照以及安全生产许可证。注意拟承担分包工程内容与资质等级、营业执照是否相符；分包单位的类似工程业绩，要求提供工程名称、工程质量验收等证明文件；审查拟分包工程的内容和范围时，应注意施工单位的发包性质，禁止转包、肢解分包、层层分包等违法行为。总监理工程师对报审资料进行审核，在报审表上签署书面意见前需征求建设单位意见。如分包单位的资质材料不符合要求，施工单位应根据总监理工程师的审核意见，或重新报审，或另选择分包单位再报审。在审查过程中必要时可会同建设单位对施工单位选定的分包单位的情况进行实地考察和调查，核实施工单位申报材料与实际情况是否相符。

（6）施工实验室

专业监理工程师还应检查施工单位为本工程提供服务的实验室（包括施工单位自有实验室或委托的实验室）。实验室的检查应包括下列内容：①实验室的资质等级及试验范围；②法定计量部门对试验设备出具的计量检定证明；③实验室管理制度；④实验人员资格证书。

根据有关规定，为工程提供服务的实验室应具有政府主管部门认定的资质证书及相应的试验范围。实验室的资质等级和试验范围必须满足工程需要；试验设备应由法定计量部门出具符合规定要求的计量检定证明；实验室还应具有相关管理制度，以保证试验、检测过程和结果的规范性、准确性、有效性、可靠性及可追溯性。实验室管理制度应包括试验人员工作记录、人员考核及培训制度、资料管理制度、原始记录管理制度、试验检测报告管理制度、样品管理制度、仪器设备管理制度、安全环保管理制度、外委试验管理制度、对比试验以及能力考核管理制度、施工现场（搅拌站）试验管理制度、检查评比制度、工作会议制度以及报表制度等。从事试验、检测工作的人员应按规定具备相应的上岗资格证书。专业监理工程师应对以上制度逐一进行检查，符合要求后予以签认。

（7）**工程材料、构配件、设备的质量控制**

① 工程材料、构配件、设备质量控制的基本内容。项目监理机构收到施工单位报送的工程材料、构配件、设备报审表后，应审查施工单位报送的用于工程的材料、构配件、设备的质量证明文件，并按有关规定、建设监理合同的约定，对用于工程的材料进行见证取样。用于工程的材料、构配件、设备的质量证明文件包括出厂合格证、质量检验报告、性能检测报告以及施工单位的质量抽检报告等。对于工程设备应同时附有设备出厂合格证、技术说明书、质量检验证明、有关图纸、配件清单及技术资料等。对已进场经检验不合格的工程材料、构配件、设备，应要求施工单位限期将其撤出施工现场。

② 工程材料、构配件、设备质量控制的要点。

a．对用于工程的主要材料，在材料进场时专业监理工程师应核查厂家生产许可证、出厂合格证、材质化验单及性能检测报告，审查不合格者一律不准用于工程。专业监理工程师应参与建设单位组织的对施工单位负责采购的原材料、半成品、构配件的考察，并提出考察意见。对于半成品、构配件和设备，应按经过审批认可的设计文件和图纸要求采购订货，质量应满足有关标准和设计的要求。某些材料，诸如瓷砖等装饰材料，要求订货时最好一次性备足货源，以免由于分批而出现色泽不一的质量问题。

b．在现场配制的材料，施工单位应进行级配设计与配合比试验，经合格后才能使用。

c．对于进口材料、构配件和设备，专业监理工程师应要求施工单位报送进口商检证明文件，并会同建设单位、施工单位、供货单位等相关单位有关人员按合同约定进行联合检查验收。联合检查由施工单位提出申请，项目监理机构组织，建设单位主持。

d．对于工程采用新设备、新材料，还应核查相关部门鉴定证书或工程应用的证明材料、实地考察报告或专题论证材料。

e．原材料、（半）成品、构配件进场时，专业监理工程师应检查其尺寸、规格、型号、产品标志、包装等外观质量，并判定其是否符合设计、规范、合同等要求。

f．工程设备验收前，设备安装单位应提交设备验收方案，包括验收方法、质量标准、验收的依据，经专业监理工程师审查同意后实施。

g．对进场的设备，专业监理工程师应会同设备安装单位、供货单位等的有关人员进行开箱检验，检查其是否符合设计文件、合同文件和规范等所规定的厂家、型号、规格、数量、技术参数等，检查设备图纸、说明书、配件是否齐全。

h. 由建设单位采购的主要设备则由建设单位、施工单位、项目监理机构进行开箱检查，并由三方在开箱检查记录上签字。

i. 质量合格的材料、构配件进场后，到其使用或安装时通常要经过一定的时间间隔。在此时间里，专业监理工程师应对施工单位在材料、半成品、构配件的存放、保管及使用期限实行监控。

（8）工程开工条件

① 设计交底和图纸会审已完成；

② 施工组织设计已由总监理工程师签认；

③ 施工单位现场质量、安全生产管理体系已建立，管理及施工人员已到位，施工机械具备使用条件，主要工程材料已落实；

④ 进场道路及水、电、通信等已满足开工要求。

在完成上述工作的基础上，施工单位按照《建设工程监理规范》的要求填写开工报审表及相关资料，报送项目监理机构审查。总监理工程师应组织专业监理工程师审查，具备下列条件时，应由总监理工程师签署审查意见，报建设单位批准后，总监理工程师签发工程开工令。施工单位应在开工日期后尽快施工。

6.5   施工过程的质量控制

施工过程的质量控制，是在工程项目质量实际形成过程中的事中质量控制。

建设工程项目施工是由一系列相互关联、相互制约的作业过程（工序）构成，因此施工质量控制，必须对全部作业过程，即各道工序的作业质量持续进行控制。从项目管理的立场看，工序作业质量的控制，首先是质量生产者即作业者的自控，在施工生产要素合格的条件下，作业者能力及其发挥的状况是决定作业质量的关键；其次是来自作业者外部的各种作业质量检查、验收和对质量行为的监督，也是不可缺少的设防和把关的管理措施。

6.5.1   工序施工质量控制

工序是人、材料、机械设备、施工方法和环境因素对工程质量综合起作用的过程，所以对施工过程的质量控制，必须以工序作业质量控制为基础和核心。因此，工序的质量控制是施工阶段质量控制的重点。只有严格控制工序质量，才能确保施工项目的实体质量。工序施工质量控制主要包括工序施工条件控制和工序施工效果控制。

（1）工序施工条件控制

工序施工条件是指从事工序活动的各生产要素质量及生产环境条件。工序施工条件控制就是控制工序活动的各种投入要素质量和环境条件质量。控制的手段主要有：检查、测试、试验、跟踪监督等。控制的依据主要是：设计质量标准、材料质量标准、机械设备技术性能标准、施工工艺标准以及操作规程等。

（2）工序施工效果控制

工序施工效果主要反映工序产品的质量特征和特性指标。对工序施工效果的控制就是控制工序产品的质量特征和特性指标能否达到设计质量标准以及施工质量验收标准的要求。工序施工效果控制属于事后质量控制，其控制的主要途径是：实测获取数据、统计分析所获取的数据、判断认定质量等级和纠正质量偏差。

按有关施工验收规范规定，下列工序质量必须进行现场质量检测，合格后才能进行下道工序。

① 地基基础工程。

a. 地基及复合地基承载力检测。对灰土地基、砂和砂石地基、土工合成材料地基、粉煤灰地基、强夯地基、注浆地基、预压地基，其竣工后的结果（地基强度或承载力）必须达到设计要求的标准。检验数量，每单位工程不应少于 3 点，1000m^2 以上工程，每 100m^2 至少应有 1 点，3000m^2 以上工程，每 300m^2 至少应有 1 点。每一独立基础下至少应有 1 点，基槽每 20 延长米应有 1 点。

对水泥土搅拌桩复合地基、高压喷射注浆桩复合地基、砂桩地基、振冲桩复合地基、土和灰土挤密桩复合地基、水泥粉煤灰碎石桩复合地基及夯实水泥土桩复合地基，其承载力检验，数量为总数的 0.5%～1%，但不应少于 3 处。有单桩强度检验要求时，数量为总数的 0.5%～1%，但不应少于 3 处。

b. 工程桩的承载力检测。对于地基基础设计等级为甲级或地质条件复杂，成桩质量可靠性低的灌注桩，应采用静载荷试验的方法进行检验，检验桩数不应少于总数的 1%，且不应少于 3 根，当总桩数少于 50 根时，不应少于 2 根。

设计等级为甲级、乙级的桩基或地质条件复杂，桩施工质量可靠性低，本地区采用的新桩型或新工艺的桩基应进行桩的承载力检测。检测数量在同一条件下不应少于 3 根，且不宜少于总桩数的 1%。

c. 桩身质量检验。对设计等级为甲级或地质条件复杂，成桩质量可靠性低的灌注桩，抽检数量不应少于总数的 30%，且不应少于 20 根；其他桩基工程的抽检数量不应少于总数的 20%，且不应少于 10 根；对混凝土预制桩及地下水位以上且终孔后经过核验的灌注桩，检验数量不应少于总数的 10%，且不得少于 10 根。每个柱子承台下不得少于 1 根。

② 主体结构工程。

a. 混凝土、砂浆、砌体强度现场检测。检测同一强度等级同条件养护的试块强度，以此检测结果代表工程实体的结构强度。

混凝土：按统计方法评定混凝土强度的基本条件是，同一强度等级的同条件养护试件的留置数量不宜少于 10 组，按非统计方法评定混凝土强度时，留置数量不应少于 3 组。

砂浆：每一检验批且不超过 250m^3 砌体的各种类型及强度等级的砌筑砂浆，每台搅拌机应至少抽检一次。

砌体：普通砖 15 万块、多孔砖 5 万块、灰砂砖及粉灰砖 10 万块各为一检验批，抽检数量为一组。

b. 钢筋保护层厚度检测。钢筋保护层厚度检测的结构部位，应由监理（建设）、施工等各方根据结构构件的重要性共同选定。

对梁类、板类构件，应各抽取构件数量的 2%且不少于 5 个构件进行检验。

c．混凝土预制构件结构性能检测。对成批生产的构件，应按同一工艺正常生产的不超过1000件且不超过3个月的同类型产品为一批。在每批中应随机抽取一个构件作为试件进行检验。

③ 建筑幕墙工程。

a．铝塑复合板的剥离强度检测。

b．石材的弯曲强度；室内用花岗石的放射性检测。

c．玻璃幕墙用结构胶的邵氏硬度、标准条件拉伸黏结强度、相容性试验；石材用结构胶胶结强度及石材用密封胶的污染性检测。

d．建筑幕墙的气密性、水密性、风压变形性能、层间变位性能检测。

e．硅酮结构胶相容性检测。

④ 钢结构及管道工程。

a．钢结构及钢管焊接质量无损检测：对有无损检验要求的焊缝，竣工图上应标明焊缝编号、无损检验方法、局部无损检验焊缝的位置、底片编号、热处理焊缝位置及编号、焊缝补焊位置及施焊焊工代号；焊缝施焊记录及检查、检验记录应符合相关标准的规定。

b．钢结构、钢管防腐及防火涂装检测。

c．钢结构节点承载力、机械连接用紧固标准件及高强度螺栓力学性能检测。

6.5.2　施工作业质量的自控

（1）施工作业质量自控的意义

施工作业质量的自控，从经营的层面来说，强调的是作为建筑产品生产者和经营者的施工企业，应全面履行企业的质量责任，向顾客提供质量合格的工程产品；从生产的过程来说，强调的是施工作业者的岗位质量责任，向后道工序提供合格的作业成果（中间产品）。因此，施工方是施工阶段质量自控主体。施工方不能因为监控主体的存在和监控责任的实施而减轻或免除其质量责任。我国《建筑法》和《建设工程质量管理条例》规定建筑施工企业对工程的施工质量负责；建筑施工企业必须按照工程设计要求、施工技术标准和合同的约定，对建筑材料、建筑构配件和设备进行检验，不合格的不得使用。

施工企业作为工程施工质量的自控主体，既要遵循本企业质量管理体系的要求，也要根据其在所承建的工程项目质量控制系统中的地位和责任，通过具体项目质量计划的编制与实施，有效地实现施工质量的自控目标。

（2）施工作业质量的自控程序

施工作业质量的自控过程是由施工作业组织的成员进行的，其基本的控制程序包括：作业技术交底、作业活动的实施和作业质量的检验等。

① 施工作业技术的交底。施工作业技术交底是施工组织设计和施工方案的具体化，施工作业技术交底的内容必须具有可行性和可操作性。

施工作业技术交底是最基层的技术和管理交底活动，从项目的施工组织设计到分部分项工程的作业计划，在实施之前都必须逐级进行交底，其目的是使管理者的计划和决策意图为实施人员所理解，施工总承包方和工程监理机构都要对施工作业交底进行监督。作业交底的内容包括：作业范围、施工依据、作业程序、技术标准和要领、质量目标以及其他与安全、进度、成本、环境等目标管理有关的要求和注意事项。

② 施工作业活动的实施。施工作业活动是由一系列工序所组成的。为了保证工序质量的受控，首先要对作业条件进行再确认，即按照作业计划检查作业准备状态是否落实到位，其中包括对施工程序和作业工艺顺序的检查确认。在此基础上，严格按作业计划的程序、步骤和质量要求展开工序作业活动。

③ 施工作业质量的检验。施工作业的质量检查，是贯穿整个施工过程的最基本的质量控制活动，包括施工单位内部的工序作业质量自检、互检、专检和交接检查，以及现场监理机构的旁站检查、平行检验等。施工作业质量检查是施工质量验收的基础，已完工检验批及分部分项工程的施工质量，必须在施工单位完成质量自检并确认合格之后，才能报请现场监理机构进行检查验收。

前道工序作业质量经验收合格后，才可进入下道工序施工。未经验收合格的工序，不得进入下道工序施工。

（3）施工作业质量自控的要求

工序作业质量是直接形成工程质量的基础，为达到对工序作业质量控制的效果，在加强工序管理和质量目标控制方面应坚持以下要求。

① 预防为主。严格按照施工质量计划的要求，进行各分部分项施工作业的部署。同时，根据施工作业内容、范围和特点，制订施工作业计划，明确作业的质量目标和作业的技术要领，认真进行作业技术交底，落实各项作业技术组织措施。

② 重点控制。在施工作业计划中，一方面要认真贯彻实施施工质量计划中的质量控制点的控制措施，同时，要根据作业活动的实际需要，进一步建立工序作业控制点，深化工序作业的重点控制。

③ 坚持标准。工序作业人员在工序作业过程应严格进行质量自检，通过自检不断改善作业，并创造条件开展作业质量互检，通过互检加强技术与经验的交流。对已完工序作业的产品，即检验批或分部分项工程，应严格坚持质量标准。对不合格的施工作业质量，不得进行验收签证，必须按照规定的程序进行处理。

《建筑工程施工质量验收统一标准》（GB 50300）及配套使用的专业质量验收规范，是施工作业质量自控的合格标准。有条件的施工企业或项目经理部应结合自己的条件编制高于国家标准的企业内控标准或工程项目内控标准，或采用施工承包合同明确规定的更高标准，列入质量计划中，努力提升工程质量水平。

④ 记录完整。施工图纸、质量计划、作业指导书、材料质保书、检验试验及检测报告、质量验收记录等，是形成可追溯性质量保证的依据，也是工程竣工验收所不可缺少的质量控制资料。因此，对工序作业质量，应有计划、有步骤地按照施工管理规范的要求进行填写记载，做到及时、准确、完整、有效，并具有可追溯性。

（4）施工作业质量自控的制度

根据实践经验的总结，施工作业质量自控的有效制度有：

① 质量自检制度；

② 质量例会制度；

③ 质量会诊制度；

④ 质量样板制度；

⑤ 质量挂牌制度；

⑥ 每月质量讲评制度等。

6.5.3　施工作业质量的监控

（1）施工作业质量的监控主体

为了保证项目质量，建设单位、监理单位、设计单位及政府的工程质量监督部门，在施工阶段依据法律、法规和工程施工承包合同，对施工单位的质量行为和项目实体质量实施监督控制。

设计单位应当就审查合格的施工图设计文件向施工单位作出详细说明；应当参与建设工程质量事故分析，并对因设计造成的质量事故，提出相应的技术处理方案。

建设单位在领取施工许可证或者开工报告前，应当按照国家有关规定办理工程质量监督手续。

作为监控主体之一的项目监理机构，在施工作业实施过程中，根据其监理规划与细则，采取现场旁站、巡视、平行检验等形式，对施工作业质量进行监督检查，如发现工程施工不符合工程设计要求、施工技术标准和合同约定的，有权要求建筑施工企业改正。监理机构应进行检查，没有检查或没有按规定进行检查的，给建设单位造成损失时应承担赔偿责任。

必须强调，施工质量的自控主体和监控主体，在施工全过程中相互依存、各尽其责，共同推动着施工质量控制过程的展开和工程项目质量总目标的最终实现。

（2）现场质量检查

现场质量检查是施工作业质量监控的主要手段。

① 现场质量检查内容如下。

a. 开工前的检查，主要检查是否具备开工条件，开工后是否能够保持连续正常施工，能否保证工程质量；

b. 工序交接检查，对于重要的工序或对工程质量有重大影响的工序，应严格执行"三检"制度（即自检、互检、专检），未经监理工程师（或建设单位本项目技术负责人）检查认可，不得进行下道工序施工；

c. 隐蔽工程的检查，施工中凡是隐蔽工程必须检查认证后方可进行隐蔽掩盖；

d. 停工后复工的检查，因客观因素停工或处理质量事故等停工后复工时，经检查认可后方能复工；

e. 分项、分部工程完工后的检查，经检查认可，并签署验收记录后，才能进行下一工程项目的施工；

f. 成品保护的检查，检查成品有无保护措施以及保护措施是否有效可靠。

② 现场质量检查的方法。

a. 目测法。即凭借感官进行检查，也称观感质量检验，其手段可概括为"看、摸、敲、照"四个字。

看，就是根据质量标准要求进行外观检查。例如，清水墙面是否洁净，喷涂的密实度、颜色是良好、均匀，工人的操作是否正常，内墙抹灰的大面及口角是否平直，混凝土外观是否符合要求等。

摸，就是通过触摸进行检查、鉴别。例如油漆的光滑度，浆活是否牢固、不掉粉等。

敲，就是运用工具敲击听声检查。例如，对地面工程、装饰工程中的水磨石、面砖、石材饰面等，均应进行敲击检查。

照，就是通过人工光源或反射光照射，检查难以看到或光线较暗的部位。例如管道井、电梯井等内部管线、设备安装质量，装饰吊顶内连接及设备安装质量等。

b．实测法。通过实测数据与施工规范、质量标准的要求及允许偏差值进行对照，以此判断质量是否符合要求，主要方法可概括为"靠、量、吊、套"四个字。

靠，就是用直尺、塞尺检查。如，墙面、地面、路面等的平整度。

量，就是指用测量工具和计量仪表等检查断面尺寸、轴线、标高、湿度、温度等的偏差。例如，大理石板拼缝尺寸、摊铺沥青拌合料的温度、混凝土坍落度的检测等。

吊，就是利用托线板以及线坠吊线检查垂直度。例如，砌体垂直度检查、门窗的安装等。

套，是以方尺套方，辅以塞尺检查。例如，对阴阳角的方正、踢脚线的垂直度、预制构件的方正、门窗口及构件的对角线检查等。

c．试验法。通过必要的试验手段对质量进行判断的检查方法，主要包括如下内容。

i．理化试验。工程中常用的理化试验包括物理力学性能方面的检验和化学成分、化学性质的测定两个方面。物理力学性能的检验，包括各种力学指标的测定，如抗拉强度、抗压强度、抗弯强度、抗折强度、冲击韧性、硬度、承载力等，以及各种物理性能方面的测定，如密度、含水量、凝结时间、安定性及抗渗、耐磨、耐热性能等。化学成分及化学性质的测定，如钢筋中的磷、硫含量，混凝土中粗骨料的活性氧化硅成分，以及耐酸、耐碱性等。此外，根据规定有时还需进行现场试验，例如，对桩或地基的静载试验、下水管道的通水试验、压力管道的耐压试验、防水层的蓄水或淋水试验等。

ii．无损检测。利用专门的仪器仪表从表面探测结构物、材料、设备的内部组织结构或损伤情况。常用的无损检测方法有超声波探伤、X 射线探伤、γ射线探伤等。

6.5.4 技术核定与见证取样送检

（1）技术核定

在建设工程项目施工过程中，因施工方对施工图纸的某些要求不甚明白，或图纸本身存在某些问题，或工程材料调整与代用，改变建筑节点构造、管线位置或走向等，或需要通过设计单位明确或确认的，施工方必须以技术核定单的方式向监理工程师提出，报送设计单位核准确认。

（2）见证取样送检

为了保证建设工程质量，我国规定对工程使用的主要材料、半成品、构配件以及施工过程留置的试块、试件等应实行现场见证取样送检。见证人员由建设单位及工程监理机构中有相关专业知识的人员担任；送检的试验室应具备经国家或地方工程检验检测主管部门核准的相关资质；见证取样送检必须严格按执行规定的程序进行，包括取样见证并记录、样本编号、填单、封箱、送实验室、核对、交接、试验检测、报告等。

检测机构应当建立档案管理制度。检测合同、委托单、原始记录、检测报告应当按年度统一编号，编号应当连续，不得随意抽撤、涂改。

（3）隐蔽工程验收与成品质量保护

① 隐蔽工程验收。凡被后续施工所覆盖的施工内容，如地基基础工程、钢筋工程、预埋管

线等均属隐蔽工程。加强隐蔽工程质量验收，是施工质量控制的重要环节。其程序要求施工方首先应完成自检并合格，然后填写专用的《隐蔽工程验收单》。验收单所列的验收内容应与已完成的隐蔽工程实物相一致，并事先通知监理机构及有关方面，按约定时间进行验收。验收合格的隐蔽工程由各方共同签署验收记录；验收不合格的隐蔽工程，应按验收整改意见进行整改后重新验收。严格隐蔽工程验收的程序和记录，对于预防工程质量隐患，提供可追溯质量记录具有重要作用。

② 施工成品的质量保护。施工成品的质量保护目的是避免已完成施工成品受到来自后续施工以及其他方面的污染或损坏。已完成施工的成品保护问题和相应措施，在工程施工组织设计与计划阶段就应该从施工顺序上进行考虑，防止施工顺序不当或交叉作业造成相互干扰、污染和损坏。成品形成后可采取防护、覆盖、封闭、包裹等相应措施进行保护。

6.5.5 监理质量控制的主要方法

（1）巡视

巡视是项目监理机构对施工现场进行的定期或不定期的检查行动，是项目监理机构对工程实施建设监理的方式之一。

项目监理机构应安排监理人员对工程施工质量进行巡视。巡视应包括下列主要内容：

① 施工单位是否按工程设计文件、工程建设标准和批准的施工组织设计、（专项）施工方案施工。施工单位必须按照工程设计图纸和施工技术标准施工，不得擅自修改工程设计，不得偷工减料。

② 使用的工程材料、构配件和设备是否合格。应检查施工单位使用的工程原材料、构配件和设备是否合格。不得在工程中使用不合格的原材料、构配件和设备，只有经过复试检测合格的原材料、构配件和设备才能够用于工程。

③ 施工现场管理人员，特别是施工质量管理人员是否到位。应对其是否到位及履职情况做好检查和记录。

④ 特种作业人员是否持证上岗。应对施工单位特种作业人员是否持证上岗进行检查。根据《建筑施工特种作业人员管理规定》，对建筑电工、建筑架子工、建筑起重信号司索工、建筑起重机械司机、建筑起重机械安装拆卸工、高处作业吊篮安装拆卸工、焊接切割操作工以及经省级以上人民政府建设主管部门认定的其他特种作业人员，必须持施工特种作业人员操作证上岗。

（2）旁站

项目监理机构对工程的关键部位或关键工序的施工质量进行监督的活动。

项目监理机构应根据工程特点和施工单位报送的施工组织设计，将影响工程主体结构安全的、完工后无法检测其质量的或返工会造成较大损失的部位及其施工过程作为旁站的关键部位、关键工序，安排监理人员进行旁站，并应及时记录旁站情况。

① 旁站工作程序。

a. 开工前，项目监理机构应根据工程特点和施工单位报送的施工组织设计，确定旁站的关键部位、关键工序，并书面通知施工单位；

b. 施工单位在需要实施旁站的关键部位、关键工序进行施工前，书面通知项目监理机构；

c. 接到施工单位书面通知后，项目监理机构应安排旁站人员实施旁站。

② 旁站工作要点。

a. 编制监理规划时，应明确旁站的部位和要求。

b. 根据部门规范性文件，房屋建筑工程旁站的关键部位、关键工序是：基础工程方面包括土方回填、混凝土灌注桩浇筑、地下连续墙、土钉墙、后浇带及其他结构混凝土、防水混凝土浇筑、卷材防水层细部构造处理、钢结构安装；主体结构工程方面包括梁柱节点钢筋隐蔽工程、混凝土浇筑、预应力张拉、装配式结构安装、钢结构安装、网架结构安装、索膜安装。

c. 其他工程的关键部位、关键工序，应根据工程类别、特点及有关规定和施工单位报送的施工组织设计确定。

d. 旁站人员的主要职责是：检查施工单位现场质检人员到岗、特殊工种人员持证上岗及施工机械、建筑材料准备情况；在现场监督关键部位、关键工序的施工、执行施工方案以及工程建设强制性标准情况；核查进场建筑材料、构配件、设备和商品混凝土的质量检验报告等，并可在现场监督施工单位进行检验或者委托具有资格的第三方进行复验。做好旁站记录，保存旁站原始资料。

e. 对施工中出现的偏差及时纠正，保证施工质量。发现施工单位有违反工程建设强制性标准行为的，应责令施工单位立即整改；发现其施工活动已经或者可能危及工程质量的，应当及时向专业监理工程师或总监理工程师报告，由总监理工程师下达暂停令，指令施工单位整改。

f. 对需要旁站的关键部位及关键工序的施工，凡没有实施旁站监理或者没有旁站记录的，专业监理工程师或总监理工程师不得在相应文件上签字。工程竣工验收后，项目监理机构应将旁站记录存档备查。

g. 旁站记录内容应真实、准确并与监理日志相吻合。对旁站的关键部位、关键工序，应按照时间或工序形成完整的记录。必要时可进行拍照或摄影，记录当时的施工过程。

（3）见证取样

见证取样是指项目监理机构对施工单位进行的涉及结构安全的试块、试件及工程材料现场取样、封样、送检工作的监督活动。

① 见证取样的工作程序。

a. 工程项目施工前，由施工单位和项目监理机构共同对见证取样的检测机构进行考察确定。对于施工单位提出的试验室，专业监理工程师要进行实地考察。试验室应为施工单位没有行政隶属关系的第三方。试验室要具有相应的资质，经国家或地方计量、试验主管部门认证，试验项目满足工程需要，试验室出具的报告对外具有法定效果。

b. 项目监理机构要将选定的试验室报送负责本项目的质量监督机构备案并得到认可，同时要将项目监理机构中负责见证取样的专业监理工程师在该质量监督机构备案。

c. 施工单位应按照规定制订检测试验计划，配备取样人员，负责施工现场的取样工作，并将检测试验计划报送项目监理机构。

d. 施工单位在对进场材料、试块、试件、钢筋接头等实施见证取样前，要通知负责见证取样的专业监理工程师，在该专业监理工程师现场监督下，施工单位按相关规范的要求，完成材料、试块、试件等的取样过程。

e. 完成取样后，施工单位取样人员应在试样或其包装上作出标识、封志。标识和封志应标明工程名称、取样部位、取样日期、样品名称和样品数量等信息，并由见证取样的专业监理工程师和施工单位取样人员签字。

② 实施见证取样的要求。

a．试验室要具有相应的资质并进行备案、认可。

b．负责见证取样的专业监理工程师要具有材料、试验等方面的专业知识，并经培训考核合格，且要取得见证人员培训合格证书。

c．施工单位从事取样的人员一般应由试验室人员或专职质检人员担任。

d．试验室出具的报告一式两份，分别由施工单位和项目监理机构保存，并作为归档材料，是工序产品质量评定的重要依据。

e．见证取样的频率，国家或地方主管部门有规定的，执行相关规定；施工承包合同中如有明确规定的，执行施工承包合同的规定。

f．见证取样和送检的资料必须真实、完整、符合相应规定。

（4）平行检验

平行检验是指项目监理机构在施工单位自检的同时，按建设工程监理合同约定对同一检验项目进行的检测试验活动。项目监理机构应根据工程特点、专业要求，以及建设工程监理合同约定，对施工质量进行平行检验。

平行检验的项目、数量、频率和费用等应符合建设工程监理合同的约定，对平行检验不合格的施工质量，项目监理机构应签发监理通知单，要求施工单位在指定的时间内整改并重新报验。

项目监理中心试验室进行平行检验试验的是：

① 验证试验。材料或商品构件运入现场后，应按规定的批量和频率进行抽样试验，不合格的材料或商品构件不准用于工程。

② 标准试验。在各项工程开工前合同规定或合理的时间内，应由施工单位先完成标准试验。监理中心试验室应在施工单位进行标准试验的同时或以后，平行进行复核（对比）试验，以肯定、否定或调整施工单位标准试验的参数或指标。

③ 抽样试验。在施工单位的工地试验室（流动试验室）按技术规范的规定进行全频率抽样试验的基础上，监理中心试验室应按规定的频率独立进行抽样试验，以鉴定施工单位的抽样试验结果是否真实可靠。当施工现场的监理人员对施工质量或材料产生疑问并提要求时，监理中心试验室随时进行抽样试验。

（5）监理通知单、工程暂停令、工程复工令的签发

① 监理通知单的签发。当项目监理机构发现施工质量存在问题的，或施工单位采用不当的施工工艺，或施工不当。造成工程质量不合格的，应及时签发监理通知单，要求施工单位整改。监理通知单由专业监理工程师或总监理工程师签发。监理通知单的要求：对存在问题部位的表述应具体，应用数据说话，详细叙述问题所在的违规内容；反映的问题如果能用照片予以记录，应附上照片；时限应叙述具体，如"在 72h 内"，并注明施工单位申诉的形式和时限；还应要求施工单位在签发文本上签字，并注明签收时间。

施工单位应按监理通知单的要求进行整改。整改完毕后，向项目监理机构提交监理通知回复单。项目监理机构应根据施工单位报送的监理通知回复单对整改情况进行复查，并提出复查意见。

② 工程暂停令的签发。监理人员发现可能造成质量事故的重大隐患或已发生质量事故的，总监理工程师应签发工程暂停令。

项目监理机构发现下列情形之一时，总监理工程师应及时签发工程暂停令。

a．施工单位未经批准擅自施工的；

b．施工单位未按审查通过的工程设计文件施工的；

c．施工单位违反工程建设强制性标准的；

d．施工存在重大质量、安全事故隐患或发生质量、安全事故的。

当施工单位出现：建设单位要求暂停施工且工程需要暂停施工的，施工单位拒绝项目监理机构管理的，总监理工程师可视情况签发工程暂停令。可根据停工原因的影响范围和影响程度，确定停工范围。

总监理工程师签发工程暂停令，应事先征得建设单位同意。在紧急情况下，未能事先征得建设单位同意的，应在事后及时向建设单位书面报告。施工单位未按要求停工，项目监理机构应及时报告建设单位，必要时应向有关主管部门报送监理报告。

暂停施工事件发生时，项目监理机构应如实记录所发生的情况。对于建设单位要求停工且工程需要暂停施工的，应重点记录施工单位人工、设备在现场的数量和状态；对于因施工单位原因暂停施工的，应记录直接导致停工发生的原因。

③ 工程复工令的签发。因建设单位或非施工单位原因引起工程暂停的，在具备复工条件时，应及时签发工程复工令，指令施工单位复工。

a．审核工程复工报审表。因施工单位原因引起工程暂停的，施工单位在复工前应向项目监理机构提交工程复工报审表申请复工。工程复工报审时，应附有能够证明已具备复工条件的相关文件资料，包括相关检查记录、有针对性的整改措施及其落实情况、会议纪要、影像资料等。当导致暂停的原因是危及结构安全或使用功能时，整改完成后，应有建设单位、设计单位、监理单位各方共同认可的整改完成文件，其中涉及建设工程鉴定的文件必须由有资质的检测单位出具。

对需要返工处理或加固补强的质量缺陷，项目监理机构应要求施工单位报送经设计等相关单位认可的处理方案，并应对质量缺陷的处理过程进行跟踪检查，同时应对处理结果进行验收。

对需要返工处理或加固补强的质量事故，项目监理机构应要求施工单位报送质量事故调查报告和经设计等相关单位认可的处理方案，并对质量事故的处理过程进行跟踪检查，对处理结果进行验收。项目监理机构应及时向建设单位提交质量事故书面报告，并应将完整的质量事故处理记录整理归档。

b．签发工程复工令。项目监理机构收到施工单位报送的工程复工报审表及有关材料后，应对施工单位的整改过程、结果进行检查、验收，符合要求的，总监理工程师应及时签署审批意见，并报建设单位批准后签发工程复工令，施工单位接到工程复工令后组织复工。施工单位未提出工程复工申请的，总监理工程师应根据工程实际情况指令施工单位恢复施工。

（6）工程变更的控制

施工过程中，由于前期勘察设计的原因，或由于外界自然条件的变化，未探明的地下障碍物、管线、文物、地质条件不符等，以及施工工艺方面的限制、建设单位要求的改变，均会涉及工程变更。做好工程变更的控制工作，是工程质量控制的一项重要内容。

工程变更单由提出单位填写，写明工程变更原因、工程变更内容，并附必要附件，包括变更的依据、详细内容、图纸，对工程造价、工期的影响程度分析，对功能、安全影响的分析报告。

对于施工单位提出的工程变更，项目监理机构可按下列程序处理。

① 总监理工程师组织专业监理工程师审查施工单位提出的工程变更申请，提出审查意见。对涉及工程设计文件修改的工程变更，应由建设单位转交原设计单位修改工程设计文件。必要时，项目监理机构应建议建设单位组织设计、施工等单位召开论证工程设计文件修改方案的专题会议。

② 总监理工程师组织专业监理工程师对工程变更费用及工期影响作出评估。

③ 总监理工程师组织建设单位、施工单位等协商确定工程变更费用及工期变化，会签工程变更单。

④ 项目监理机构根据批准的工程变更文件监督施工单位实施工程变更。

施工单位提出工程变更的情形一般有：a. 图纸出现错、漏、碰、缺等缺陷而无法施工；b. 图纸不便施工，变更后更经济、方便；c. 采用新材料、新产品、新工艺、新技术的需要；d. 施工单位考虑自身利益，为费用索赔而提出工程变更。

施工单位提出的工程变更，当进行某些材料、工艺、技术方面的技术修改时，即根据施工现场具体条件和自身的技术、经验和施工设备等，在不改变原设计文件原则的前提下，提出的对设计图纸和技术文件的某些技术上的修改要求，例如，对某种规格的钢筋采用替代规格的钢筋、对基坑开挖边坡的修改等。应在工程变更单及其附件中说明要求修改的内容及原因或理由，并附上有关文件和相应图纸。经各方同意签字后，由总监理工程师组织实施。

当施工单位提出工程变更要求，对设计图纸和设计文件所表达的设计标准、状态有改变或修改时，项目监理机构经过与建设单位、设计单位、施工单位研究并作出变更决定后，由建设单位转交原设计单位修改工程设计文件，再由总监理工程师签发工程变更单，并附设计单位提交的修改后的工程设计图纸，施工单位按变更后的图纸施工。

建设单位提出的工程变更，可能是局部调整使用功能，也可能是方案阶段考虑不周，项目监理机构应对工程变更造成的设计修改、工程暂停、返工损失、增加工程造价等进行全面的评估，为建设单位正确决策提供依据，避免工程反复和造成浪费。

对于设计单位要求的工程变更，应由建设单位将工程变更设计文件下发项目监理机构，由总监理工程师组织实施。

如果变更涉及项目功能、结构主体安全，该工程变更还要按有关规定报送施工图原审查机构及管理部门进行审查与批准。

（7）质量记录资料的管理

质量记录资料是施工单位进行工程施工或安装期间，实施质量控制活动的记录，还包括对这些质量控制活动的意见及施工单位对这些意见的答复，它详细地记录了工程施工阶段质量控制活动的全过程。因此，它不仅在工程施工期间对工程质量的控制有重要作用，而且在工程竣工和投入运行后，对于查询和了解工程建设的质量情况以及工程维修和管理提供大量有用的资料和信息。包括以下三方面内容：

① 施工现场质量管理检查记录资料。主要包括施工单位现场质量管理制度，质量责任制；主要专业工种操作上岗证书；分包单位资质及总承包施工单位对分包单位的管理制度；施工图审查核对资料（记录），地质勘察资料；施工组织设计、施工方案及审批记录；施工技术标准；工程质量检验制度；混凝土搅拌站（级配填料拌合站）及计量设置；现场材料、设备存放与管理等。

② 工程材料质量记录。一件成品、构配件、设备的质量证明资料；各种试验检验报告（如

力学性能试验、化学成分试验、材料级配试验等）；各种合格证；设备进场维修记录或设备进场运行检验记录。

③ 施工过程作业活动量记录资料。施工或安装过程可按分项、分部、单位工程建立相应的质量记录资料。在相应质量记录资料中应包含有关图纸的图号、设计要求；质量自检资料；项目监理机构的验收资料；各工序作业的原始施工记录；检测及试验报告；材料、设备质量资料的编号、存放档案卷号。此外，质量记录资料还应包括不合格项的报告、通知、处理及检查验收资料等。

质量记录资料应在工程施工或安装开始前，由项目监理机构和施工单位，根据建设单位的要求及工程竣工验收资料组卷归档的有关规定，共同列出各施工对象的质量资料清单。以后，随着工程施工的进展，施工单位应不断补充和填写与材料、构配件及施工作业活动的有关内容，记录新的情况。当每一阶段（如检验批，一个分项或分部工程）施工或安装工作完成后，相应的质量记录资料也应随之完成，并整理组卷。

施工质量记录资料应真实、齐全、完整，相关各方人员的签字齐备、字迹清楚、结论明确，与施工过程的进展同步。在对作业活动效果的验收中，如缺少资料和资料不全，项目监理机构应拒绝验收。

推荐阅读

[1] GB/T 50430—2017 工程建设施工企业质量管理规范.

[2] GB/T 50502—2009 建筑施工组织设计规范.

[3] 全国一级建造师执业资格考试用书编写委员会. 建设工程项目管理[M]. 4 版. 北京：中国建筑工业出版社，2015.

课后习题

1.【多选题】根据重要程度不同及监督控制要求不同，质量控制点可以分为（　　）。

A．W 点　　　　　　B．H 点　　　　　　C．A 点　　　　　　D．B 点　　　　　　E．C 点

2.【单选题】《建筑工程施工质量验收统一标准》的标准编号是：（　　）

A．GB 50319　　　B．GB 50300　　　C．GB 50204　　　D．GB 50210

3.【判断题】W 点是指重要性较高、其质量无法通过施工以后的检验来得到证实的质量控制点。（　　）

4.【问答题】工程暂停令的必须签发，无需进一步协商或取证的包括哪些？

综合题

特定工地的施工现场影响工程质量的影响因素及控制分析。

第7章
建设工程验收的质量控制

 学习目标

1. 掌握工程质量验收的概念；
2. 熟悉工程质量检查验收项目划分层次；
3. 掌握检验批、分项工程、分部工程、单位工程验收合格条件及验收程序；
4. 掌握质量验收不符合要求时的处理。

● **关键词：** 质量验收、检验批、竣工验收

 案例导读

【事故背景】某小学体育馆工程，建筑屋面高度为18m，结构形式为全现浇钢筋混凝土框架结构。该工程由当地建筑企业施工，2010年11月份施工完小学体育馆二层楼面结构后，因工程质量及形象进度远达不到业主要求，被业主单位清除出场。2011年初新施工单位入场后，发现小学体育馆二层楼板大面积受冻，板面起皮、混凝土结构酥松、部分楼板跨中板底下挠明显、板底目测可见清晰的龟裂纹且裂纹处混凝土有破碎等现象。新施工单位于2011年8月委托第三方检测机构进行了检测。结果为：①检测了16道框架梁，25块楼板。所检框架梁混凝土强度推定值10道符合设计要求，6道不符合设计要求；所检楼板混凝土强度推定值6块符合设计要求，19块不符合设计要求。②对检测数据不符合设计要求的检测项目，提请原设计单位重新核算，经计算，梁37.5%不符合设计要求，最低值小于10MPa；板76%不符合设计要求，最低值小于10MPa。

【原因分析】原施工单位冬季施工措施不到位，没有进行热工计算，仅凭经验进行施工；混凝土浇筑施工中没有严格控制商品混凝土的出入模温度；混凝土浇筑过程中未有效采用蓄热法、暖棚法、加热法等升温措施；混凝土浇筑后，混凝土梁板裸露表面未有效采取防风、保湿、保温措施。

【解决措施】小学体育馆二层除①~②、Ⓐ~Ⓔ轴线区域，其余区域均出现大面积不符合设计要求强度的框架梁和楼面板，已影响结构安全，施工方将此区域框架梁和楼面板全部凿除后

予以返工处理。

建设工程项目的质量验收，主要是指工程施工质量的验收。施工质量验收应按照《建筑工程施工质量验收统一标准》（GB 50300）进行。该标准是建筑工程各专业工程施工质量验收规范编制的统一准则，各专业工程施工质量验收规范应与该标准配合使用。所谓"验收"，是指建筑工程在施工单位自行质量检查测定的基础上，参与建设活动的有关单位共同对检验批、分项、分部、单位工程的质量进行抽样复验，根据相关标准以书面形式对工程质量达到合格与否作出确认。

正确地进行工程项目质量的检查评定和验收，是施工质量控制的重要环节。施工质量验收包括施工过程的质量验收及工程项目竣工质量验收两个部分。

7.1　工程质量验收概述

一个建设工程项目从施工准备开始到竣工交付使用，要经过若干工序、工种的配合施工。施工质量的优劣，取决于各个施工工序、工种的管理水平和操作质量。因此，为了便于控制、检查、评定和监督每个工序和工种的工作质量，就要把整个项目逐级划分为若干个子项目，并分级进行编号，在施工过程中据此来进行质量控制和检查验收。这是进行施工质量控制的一项重要准备工作，应在项目施工开始之前进行。项目划分越合理、明晰，越有利于分清质量责任，便于施工人员进行质量自控和检查监督人员检查验收，也有利于质量记录等资料的填写、整理和归档。

根据规定，建筑工程施工质量验收应划分为单位工程、分部工程、分项工程和检验批。

（1）单位工程的划分

① 具备独立施工条件并能形成独立使用功能的建筑物及构筑物为一个单位工程；

② 对于建筑规模较大的单位工程，可将其能形成独立使用功能的部分划分为一个子单位工程。

（2）分部工程的划分

① 可按专业性质、工程部位确定。例如，一般的建筑工程可划分为地基与基础、主体结构、建筑装饰装修、建筑屋面、建筑给排水及采暖、建筑电气、智能建筑、通风与空调、电梯等分部工程。

② 当分部工程较大或较复杂时，可按材料种类、施工特点、施工程序、专业系统及类别等划分为若干子分部工程。

（3）分项工程的划分

分项工程是分部工程的组成部分。分项工程可按主要工种、材料、施工工艺、设备类别等进行划分，见表 7-1。

表 7-1　建筑工程的分部工程、分项工程划分（GB 50300—2013）

序号	分部工程	子分部工程	分项工程
1	地基与基础	地基	素土、灰土地基，砂和砂石地基，土工合成材料地基，粉煤灰地基，强夯地基，注浆地基，预压地基，砂石桩复合地基，高压旋喷注浆地基，水泥土搅拌桩地基，土和灰土挤密桩复合地基，水泥粉煤灰碎石桩复合地基，夯实水泥土桩复合地基
		基础	无筋扩展基础，钢筋混凝土扩展基础，筏形与箱形基础，钢结构基础，钢管混凝土结构基础，型钢混凝土结构基础，钢筋混凝土预制桩基础，泥浆护壁成孔灌注桩基础，干作业成孔桩基础，长螺旋钻孔压灌桩基础，沉管灌注桩基础，钢桩基础，锚杆静压桩基础，岩石锚杆基础，沉井与沉箱基础
		基坑支护	灌注桩排桩围护墙，板桩围护墙，咬合桩围护墙，型钢水泥土搅拌墙，土钉墙，地下连续墙，水泥土重力式挡墙，内支撑，锚杆，与主体结构相结合的基坑支护
		地下水控制	降水与排水，回灌
		土方	土方开挖，土方回填，场地平整
		边坡	喷锚支护，挡土墙，边坡开挖
		地下防水	主体结构防水，细部构造防水，特殊施工法结构防水，排水，注浆
2	主体结构	混凝土结构	模板，钢筋，混凝土，预应力，现浇结构，装配式结构
		砌体结构	砖砌体，混凝土小型空心砌块砌体，石砌体，配筋砌体，填充墙砌体
		钢结构	钢结构焊接，紧固件连接，钢零部件加工，钢构件组装及预拼装，单层钢结构安装，多层及高层钢结构安装，钢管结构安装，预应力钢索和膜结构，压型金属板，防腐涂料涂装，防火涂料涂装
		钢管混凝土结构	构件现场拼装，构件安装，钢管焊接，构件连接，钢管内钢筋骨架，混凝土
		型钢混凝土结构	型钢焊接，紧固件连接，型钢与钢筋连接，型钢构件组装及预拼装，型钢安装，模板，混凝土
		铝合金结构	铝合金焊接，紧固件连接，铝合金零部件加工，铝合金构件组装，铝合金构件预拼装，铝合金框架结构安装，铝合金空间网格结构安装，铝合金面板，铝合金幕墙结构安装，防腐处理
		木结构	方木与原木结构，胶合木结构，轻型木结构，木结构的防护
3	建筑装饰装修	建筑地面	基层铺设，整体面层铺设，板块面层铺设，木、竹面层铺设
		抹灰	一般抹灰，保温层薄抹灰，装饰抹灰，清水砌体勾缝
		外墙防水	外墙砂浆防水，涂膜防水，透气膜防水
		门窗	木门窗安装，金属门窗安装，塑料门窗安装，特种门安装，门窗玻璃安装
		吊顶	整体面层吊顶，板块面层吊顶，格栅吊顶
		轻质隔墙	板材隔墙，骨架隔墙，活动隔墙，玻璃隔墙
		饰面板	石板安装，陶瓷板安装，木板安装，金属板安装，塑料板安装
		饰面砖	外墙饰面砖粘贴，内墙饰面砖粘贴
		幕墙	玻璃幕墙安装，金属幕墙安装，石材幕墙安装，陶板幕墙安装
		涂饰	水性涂料涂饰，溶剂型涂料涂饰，美术涂饰

序号	分部工程	子分部工程	分项工程
3	建筑装饰装修	裱糊与软包	裱糊，软包
		细部	橱柜制作与安装，窗帘盒和窗台板制作与安装，门窗套制作与安装，护栏和扶手制作与安装，花饰制作与安装
4	屋面	基层与保护	找坡层和找平层，隔汽层，隔离层，保护层
		保温与隔热	板状材料保温层，纤维材料保温层，喷涂硬泡聚氨酯保温层，现浇泡沫混凝土保温层，种植隔热层，架空隔热层，蓄水隔热层
		防水与密封	卷材防水层，涂膜防水层，复合防水层，接缝密封防水
		瓦面与板面	烧结瓦和混凝土瓦铺装，沥青瓦铺装，金属板铺装，玻璃采光顶铺装
		细部构造	檐口，檐沟和天沟，女儿墙和山墙，水落口，变形缝，伸出屋面管道，屋面出入口，反梁过水孔，设施基座，屋脊，屋顶窗
5	建筑给水排水及供暖	室内给水系统	给水管道及配件安装，给水设备安装，室内消火栓系统安装，消防喷淋系统安装，防腐，绝热，管道冲洗、消毒，试验与调试
		室内排水系统	排水管道及配件安装，雨水管道及配件安装，防腐，试验与调试
		室内热水系统	管道及配件安装，辅助设备安装，防腐，绝热，试验与调试
		卫生器具	卫生器具安装，卫生器具给水配件安装，卫生器具排水管道安装，试验与调试
		室内供暖系统	管道及配件安装，辅助设备安装，散热器安装，低温热水地板辐射供暖系统安装，电加热供暖系统安装，燃气红外辐射供暖系统安装，热风供暖系统安装，热计量及调控装置安装，试验与调试，防腐，绝热
		室外给水管网	给水管道安装，室外消火栓系统安装，试验与调试
		室外排水管网	排水管道安装，排水管沟与井池，试验与调试
		室外供热管网	管道及配件安装，系统水压试验，土建结构，防腐，绝热，试验与调试
		建筑饮用水供应系统	管道及配件安装，水处理设备及控制设施安装，防腐，绝热，试验与调试
		建筑中水系统及雨水利用系统	建筑中水系统、雨水利用系统管道及配件安装，水处理设备及控制设施安装，防腐，绝热，试验与调试
		游泳池及公共浴池水系统	管道及配件系统安装，水处理设备及控制设施安装，防腐，绝热，试验与调试
		水景喷泉系统	管道系统及配件安装，防腐，绝热，试验与调试
		热源及辅助设备	锅炉安装，辅助设备及管道安装，安全附件安装，换热站安装，防腐，绝热，试验与调试
		监测与控制仪表	检测仪器及仪表安装，试验与调试
6	通风与空调	送风系统	风管与配件制作，部件制作，风管系统安装，风机与空气处理设备安装，风管与设备防腐，旋流风口、岗位送风口、织物（布）风管安装，系统调试
		排风系统	风管与配件制作，部件制作，风管系统安装，风机与空气处理设备安装，风管与设备防腐，吸风罩及其他空气处理设备安装，厨房、卫生间排风系统安装、系统调试

续表

序号	分部工程	子分部工程	分项工程
6	通风与空调	防排烟系统	风管与配件制作，部件制作，风管系统安装，风机与空气处理设备安装，风管与设备防腐，排烟风阀（口）、常闭正压风口、防火风管安装，系统调试
		除尘系统	风管与配件制作，部件制作，风管系统安装、风机与空气处理设备安装，风管与设备防腐，除尘器与排污设备安装，吸尘罩安装，高温风管绝热，系统调试
		舒适性空调系统	风管与配件制作，部件制作，风管系统安装，风机与空气处理设备安装，风管与设备防腐，组合式空调机组安装，消声器、静电除尘器、换热器、紫外线灭菌器等设备安装，风机盘管、变风量与定风量送风装置、射流喷口等末端设备安装，风管与设备绝热，系统调试
		恒温恒湿空调系统	风管与配件制作，部件制作，风管系统安装，风机与空气处理设备安装，风管与设备防腐，组合式空调机组安装，电加热器、加湿器等设备安装，精密空调机组安装，风管与设备绝热，系统调试
		净化空调系统	风管与配件制作，部件制作，风管系统安装，风机与空气处理设备安装，风管与设备防腐，净化空调机组安装，消声器、静电除尘器、换热器、紫外线灭菌器等设备安装，中、高效过滤器及风机过滤器单元等末端设备清洗与安装，洁净度测试，风管与设备绝热，系统调试
		地下人防通风系统	风管与配件制作，部件制作，风管系统安装，风机与空气处理设备安装，风管与设备防腐，过滤吸收器、防爆波活门、防爆超压排气活门等专用设备安装，系统调试
		真空吸尘系统	风管与配件制作，部件制作，风管系统安装，风机与空气处理设备安装，风管与设备防腐，管道安装，快速接口安装，风机与滤尘设备安装，系统压力试验及调试
		冷凝水系统	管道系统及部件安装，水泵及附属设备安装，管道冲洗，管道、设备防腐，板式热交换器，辐射板及辐射供热、供冷地埋管，热泵机组设备安装，管道、设备绝热，系统压力试验及调试
		空调（冷、热）水系统	管道系统及部件安装，水泵及附属设备安装，管道冲洗，管道、设备防腐，冷却塔与水处理设备安装，防冻伴热设备安装，管道、设备绝热，系统压力试验及调试
		冷却水系统	管道系统及部件安装，水泵及附属设备安装，管道冲洗，管道、设备防腐，系统灌水渗漏及排放试验，管道、设备绝热
		土壤源热泵换热系统	管道系统及部件安装，水泵及附属设备安装，管道冲洗，管道、设备防腐，埋地换热系统与管网安装，管道、设备绝热，系统压力试验及调试
		水源热泵换热系统	管道系统及部件安装，水泵及附属设备安装，管道冲洗，管道、设备防腐，地表水源换热管及管网安装，除垢设备安装，管道、设备绝热，系统压力试验及调试
		蓄能系统	管道系统及部件安装，水泵及附属设备安装，管道冲洗，管道、设备防腐，蓄水罐与蓄冰槽、罐安装，管道、设备绝热，系统压力试验及调试
		压缩式制冷（热）设备系统	制冷机组及附属设备安装，管道、设备防腐，制冷剂管道及部件安装，制冷剂灌注，管道、设备绝热，系统压力试验及调试
		吸收式制冷设备系统	制冷机组及附属设备安装，管道、设备防腐，系统真空试验，溴化锂溶液加灌，蒸汽管道系统安装，燃气或燃油设备安装，管道、设备绝热，试验及调试
		多联机（热泵）空调系统	室外机组安装，室内机组安装，制冷剂管路连接及控制开关安装，风管安装，冷凝水管道安装，制冷剂灌注，系统压力试验及调试

续表

序号	分部工程	子分部工程	分项工程
6	通风与空调	太阳能供暖空调系统	太阳能集热器安装，其他辅助能源、换热设备安装，蓄能水箱、管道及配件安装，防腐，绝热，低温热水地板辐射采暖系统安装，系统压力试验及调试
		设备自控系统	温度、压力与流量传感器安装，执行机构安装调试，防排烟系统功能测试，自动控制及系统智能控制软件调试
7	建筑电气	室外电气	变压器、箱式变电所安装，成套配电柜、控制柜（屏、台）和动力、照明配电箱（盘）及控制柜安装，梯架、支架、托盘和槽盒安装，导管敷设，电缆敷设，管内穿线和槽盒内敷线，电缆头制作、导线连接和线路绝缘测试，普道灯具安装，专用灯具安装，建筑照明通电试运行，接地装置安装
		变配电室	变压器、箱式变电所安装，成套配电柜、控制柜（屏、台）和动力、照明配电箱（盘）安装，母线槽安装，梯架、支架、托盘和槽盒安装，电缆敷设，电缆头制作、导线连接和线路绝缘测试，接地装置安装，接地干线敷设
		供电干线	电气设备试验和试运行，母线槽安装，梯架、支架、托盘和槽盒安装，导管敷设，电缆敷设，管内穿线和槽盒内敷线，电缆头制作、导线连接和线路绝缘测试，接地 T 线敷设
		电气动力	成套配电柜、控制柜（屏、台）和动力配电箱（盘）安装，电动机、电加热器及电动执行机构检查接线，电气设备试验和试运行，梯架、支架，托盘和槽盒安装，导管敷设，电缆敷设，管内穿线和槽盒内敷线，电缆头制作、导线连接和线路绝缘测试
		电气照明	成套配电柜、控制柜（屏、台）和照明配电箱（盘）安装，梯架、支架、托盘和槽盒安装，导管敷设，管内穿线和槽盒内敷线，塑料护套线直敷布线，钢索配线，电缆头制作、导线连接和线路绝缘测试，普通灯具安装，专用灯具安装，开关、插座、风扇安装，建筑照明通电试运行
		备用和不间断电源	成套配电柜、控制柜（屏、台）和动力、照明配电箱（盘）安装，柴油发电机组安装，不间断电源装置及应急电源装置安装，母线槽安装，导管敷设，电缆敷设，管内穿线和槽盒内敷线，电缆头制作、导线连接和线路绝缘测试，接地装置安装
		防雷及接地	接地装置安装，防雷引下线及接闪器安装，建筑物等电位连接，浪涌保护器安装
8	智能建筑	智能化集成系统	设备安装，软件安装，接口及系统调试，试运行
		信息接入系统	安装场地检查
		用户电话交换系统	线缆敷设，设备安装，软件安装，接口及系统调试，试运行
		信息网络系统	计算机网络设备安装，计算机网络软件安装，网络安全设备安装，网络安全软件安装，系统调试，试运行
		综合布线系统	梯架、托盘、槽盒与导管安装，线缆敷设，机柜、机架、配线架安装，信息插座安装，链路或信道测试，软件安装，系统调试，试运行
		移动通信室内信号覆盖系统	安装场地检查
		卫星通信系统	安装场地检查
		有线电视及卫星电视接收系统	梯架、托盘、槽盒和导管安装，线缆敷设，设备安装，软件安装，系统调战，试运行

续表

序号	分部工程	子分部工程	分项工程
8	智能建筑	公共广播系统	梯架、托盘、槽盒和导管安装，线缆敷设，设备安装，软件安装，系统调试，试运行
		会议系统	梯架、托盘、槽盒和导管安装，线缆敷设，设备安装，软件安装，系统调试，试运行
		信息导引及发布系统	梯架、托盘、槽盒和导管安装，线缆敷设，显示设备安装，机房设备安装，软件安装，系统调试，试运行
		时钟系统	梯架、托盘、槽盒和导管安装，线缆敷设，设备安装，软件安装，系统调试，试运行
		信息化应用系统	梯架、托盘、槽盒和导管安装，线缆敷设，设备安装，软件安装，系统调试，试运行
		建筑设备监控系统	梯架、托盘、槽盒和导管安装，线缆敷设，传感器安装，执行器安装。控制器、箱安装，中央管理工作站和操作分站设备安装，软件安装，系统调试，试运行
		火灾自动报警系统	梯架、托盘、槽盒和导管安装，线缆敷设，探测器类设备安装，控制器类设备安装，其他设备安装，软件安装，系统调试，试运行
		安全技术防范系统	梯架、托盘、槽盒和导管安装，线缆敷设，设备安装，软件安装，系统调试，试运行
		应急响应系统	设备安装，软件安装，系统调试，试运行
		机房	供配电系统，防雷与接地系统，空气调节系统，给水排水系统，综合布线系统，监控与安全防范系统，消防系统，室内装饰装修，电磁屏蔽，系统调试，试运行
		防雷与接地	接地装置，接地线，等电位联接，屏蔽设施，电涌保护器，线缆敷设，系统调试，试运行
9	建筑节能	围护系统节能	墙体节能，幕墙节能，门窗节能，屋面节能，地面节能
		供暖空调设备及管网节能	供暖节能，通风与空调设备节能，空调与供暖系统冷热源节能，空调与供暖系统管网节能
		电气动力节能	配电节能，照明节能
		监控系统节能	监测系统节能，控制系统节能
		可再生能源	地源热泵系统节能，太阳能光热系统节能，太阳能光伏节能
10	电梯	电力驱动的曳引式或强制式电梯	设备进场验收，土建交接检验，驱动主机，导轨，门系统，轿厢，对重，安全部件，悬挂装置，随行电缆，补偿装置，电气装置，整机安装验收
		液压电梯	设备进场验收，土建交接检验，液压系统，导轨，门系统，轿厢，对重，安全部件，悬挂装置，随行电缆，电气装置，整机安装验收
		自动扶梯、自动人行道	设备进场验收，土建交接检验，整机安装验收

（4）检验批的划分

检验批可根据施工、质量控制和专业验收需要，按工程量、楼层、施工段、变形缝等进行划分。

通常，多层及高层建筑的分项工程可按楼层或施工段来划分检验批，单层建筑的分项工程可按变形缝等划分检验批；地基与基础的分项工程一般划分为一个检验批，有地下层的基础工程可按不同地下层划分检验批；屋面工程的分项工程可按不同楼层屋面划分为不同的检验批；其他分部工程中的分项工程，一般按楼层划分检验批；对于工程量较少的分项工程可划分为一个检验批；安装工程一般按一个设计系统或设备组别划分为一个检验批；室外工程一般划分为一个检验批；散水、台阶、明沟等含在地面检验批中。

（5）**室外工程的划分**

室外工程可根据专业类别和工程规模划分为子单位工程、分部工程和分项工程，见表 7-2。

表 7-2　室外工程的划分

子单位工程	分部工程	分项工程
室外设施	道路	路基、基层、面层、广场与停车场、人行道、人行地道、挡土墙、附属构筑物
	边坡	土石方、挡土墙、支护
附属建筑及室外环境	附属建筑	车棚、围墙、大门、挡土墙
	室外环境	建筑小品、亭台、水景、连廊、花坛、场坪绿化、景观桥

施工前，应由施工单位制订分项工程和检验批的划分方案，并由监理单位审核。对于表 7-2 及相关专业验收规范未涵盖的分项工程和检验批，可由建设单位组织监理、施工等单位协商确定。

7.2　工程施工质量验收基本规定

《建筑工程施工质量验收统一标准》（GB 50300）与各个专业工程施工质量验收规范，明确规定了各分项工程的施工质量的基本要求，规定了分项工程检验批量的抽查办法和抽查数量，规定了检验批主控项目、一般项目的检查内容和允许偏差，规定了对主控项目、一般项目的检验方法，规定了各分部工程验收的方法和需要的技术资料等，同时对涉及人民生命财产安全、人身健康、环境保护和公共利益的内容以强制性条文作出规定，要求必须坚决、严格遵照执行。

检验批和分项工程是质量验收的基本单元；分部工程是在所含全部分项工程验收的基础上进行验收的，在施工过程中边完工边验收，并留下完整的质量验收记录和资料；单位工程作为具有独立使用功能的完整的建筑产品，进行竣工质量验收。

7.2.1　施工现场质量管理检查

（1）施工现场应具有健全的质量管理体系、相应的施工技术标准、施工质量检验制度和综合施工质量水平评定考核制度。

施工现场质量管理可按 GB 50300 标准附录 A（见表 7-3）的要求进行检查记录。

表 7-3　施工现场质量管理检查记录

开工日期：

工程名称			施工许可证号		
建设单位			项目负责人		
设计单位			项目负责人		
监理单位			总监理工程师		
施工单位		项目负责人		项目技术负责人	
序号	项目		主要内容		
1	项目部质量管理体系				
2	现场质量责任制				
3	主要专业工种操作岗位证书				
4	分包单位管理制度				
5	图纸会审记录				
6	地质勘察资料				
7	施工技术标准				
8	施工组织设计、施工方案编制及审批				
9	物资采购管理制度				
10	施工设施和机械设备管理制度				
11	计量设备配备				
12	检测试验管理制度				
13	工程质量检查验收制度				
14					
自检结果：			检查结论：		
施工单位项目负责人：　　　　年　月　日			总监理工程师：　　　　年　月　日		

（2）未实行监理的建筑工程，建设单位相关人员应履行《建筑工程施工质量验收统一标准》涉及的监理职责。

（3）建筑工程的施工质量控制应符合下列规定：

① 建筑工程采用的主要材料、半成品、成品、建筑构配件、器具和设备应进行进场检验。凡涉及安全、节能、环境保护和主要使用功能的重要材料、产品，应按各专业工程施工规范、验收规范和设计文件等规定进行复验，并应经监理工程师检查认可。

② 各施工工序应按施工技术标准进行质量控制，每道施工工序完成后，经施工单位自检符合规定后，才能进行下道工序施工。各专业工种之间的相关工序应进行交接检验，并应记录。

③ 对于监理单位提出检查要求的重要工序，应经监理工程师检查认可，才能进行下道工序施工。

（4）符合下列条件之一时，可按相关专业验收规范的规定适当调整抽样复验、试验数量，调整后的抽样复验、试验方案应由施工单位编制，并报监理单位审核确认。

① 同一项目中由相同施工单位施工的多个单位工程，使用同一生产厂家的同品种、同规格、同批次的材料、构配件、设备；

② 同一施工单位在现场加工的成品、半成品、构配件用于同一项目中的多个单位工程；

③ 在同一项目中，针对同一抽样对象已有检验成果可以重复利用。

（5）当专业验收规范对工程中的验收项目未做出相应规定时，应由建设单位组织监理、设计、施工等相关单位制订专项验收要求。涉及安全、节能、环境保护等项目的专项验收要求应由建设单位组织专家论证。

（6）建筑工程施工质量应按下列要求进行验收：

① 工程质量验收均应在施工单位自检合格的基础上进行；

② 参加工程施工质量验收的各方人员应具备相应的资格；

③ 检验批的质量应按主控项目和一般项目验收；

④ 对涉及结构安全、节能、环境保护和主要使用功能的试块、试件及材料，应在进场时或施工中按规定进行见证检验；

⑤ 隐蔽工程在隐蔽前应由施工单位通知监理单位进行验收，并应形成验收文件，验收合格后方可继续施工；

⑥ 对涉及结构安全、节能、环境保护和使用功能的重要分部工程应在验收前按规定进行抽样检验；

⑦ 工程的观感质量应由验收人员现场检查，并应共同确认。

（7）建筑工程施工质量验收合格应符合下列规定：

① 符合工程勘察、设计文件的要求；

② 符合《建筑工程施工质量验收统一标准》和相关专业验收规范的规定。

（8）检验批的质量检验，可根据检验项目的特点在下列抽样方案中选取：

① 计量、计数或计量-计数的抽样方案；

② 一次、二次或多次抽样方案；

③ 对重要的检验项目，当有简易快速的检验方法时，选用全数检验方案；

④ 根据生产连续性和生产控制稳定性情况，采用调整型抽样方案；

⑤ 经实践证明有效的抽样方案。

（9）检验批抽样样本应随机抽取，满足分布均匀、具有代表性的要求，抽样数量应符合有关专业验收规范的规定。当采用计数抽样时，最小抽样数量尚应符合表 7-4 的要求。

明显不合格的个体可不纳入检验批，但应进行处理，使其满足有关专业验收规范的规定，对处理的情况应予以记录并重新验收。

表 7-4　检验批容量和最小抽样数量

检验批的容量	最小抽样数量	检验批的容量	最小抽样数量
2~15	2	151~280	13
16~25	3	281~500	20
26~90	5	501~1200	32
91~150	8	1201~3200	50

(10) 计量抽样的错判概率 α 和漏判概率 β 可按下列规定采取：

① 主控项目：对应于合格质量水平的 α 和 β 均不宜超过 5%。

② 一般项目：对应于合格质量水平的 α 不宜超过 5%，β 不宜超过 10%。

错判概率是指：合格批被判为不合格批的概率，即合格批被拒收的概率，用 α 表示。漏判概率是指：不合格批被判为合格批的概率，即不合格批被误收的概率，用 β 表示。

7.2.2 检验批质量验收

所谓检验批是指"按统一的生产条件或按规定的方式汇总起来供检验用的，由一定数量样本组成的检验体"。检验批是工程验收的最小单位，是分项工程乃至整个建筑工程质量验收的基础。

检验批应由专业监理工程师组织施工单位项目专业质量检查员、专业工长等进行验收。

检验批质量验收合格应符合下列规定：

① 主控项目的质量经抽样检验均应合格；

② 一般项目的质量经抽样检验合格；

③ 具有完整的施工操作依据、质量检查记录。

主控项目是指建筑工程中的对安全、卫生、环境保护和公众利益起决定性作用的检验项目。主控项目的验收必须从严要求，不允许有不符合要求的检验结果，主控项目的检查具有否决权。除主控项目以外的检验项目称为一般项目。

检验批质量验收记录可根据现场检查原始记录按 GB 50300—2013 附录 E（表 7-5）填写，现场检查原始记录应在单位工程竣工验收前保留，并可追溯。

表 7-5 检验批质量验收记录

编号：_____

单位（子单位）工程名称		分部（子分部）工程名称		分项工程名称		
施工单位		项目负责人		检验批容量		
分包单位		分包单位项目负责人		检验批部位		
施工依据			验收依据			
		验收项目	设计要求及规范规定	最小/实际抽样数量	检查记录	检查结果
主控项目	1					
	2					
	3					
	4					
	5					
	6					
	7					
	8					

续表

主控项目	验收项目	设计要求及规范规定	最小/实际抽样数量	检查记录	检查结果
	9				
	10				
一般项目	1				
	2				
	3				
	4				
	5				

施工单位检查结果	专业工长： 项目专业质量检查员： 　　　　　年　月　日
监理单位验收结论	专业监理工程师： 　　　　　年　月　日

7.2.3　分项工程质量验收

分项工程的质量验收在检验批验收的基础上进行。一般情况下，两者具有相同或相近的性质，只是批量的大小不同而已。分项工程可由一个或若干检验批组成。

分项工程应由专业监理工程师组织施工单位项目专业技术负责人等进行验收。

分项工程质量验收合格应符合下列规定：

① 所含检验批的质量均应验收合格；

② 所含检验批的质量验收记录应完整。

分项工程质量验收记录可按 GB 50300 标准附录 F（表 7-6）填写。

表 7-6　分项工程质量验收记录

编号：＿＿＿＿＿

单位（子单位）工程名称		分部（子分部）工程名称			
分项工程数量		检验批数量			
施工单位		项目负责人		项目技术负责人	
分包单位		分包单位项目负责人		分包内容	

续表

序号	检验批名称	检验批容量	部位/区段	施工单位检查结果	监理单位验收结论
1					
2					
3					
4					
5					
6					
7					
8					
9					
10					
11					
12					
13					
14					
15					

说明:

施工单位 检查结果	项目专业技术负责人: 年　月　日
监理单位 验收结论	专业监理工程师: 年　月　日

分项工程应由专业监理工程师组织施工单位项目专业技术负责人等进行验收。

7.2.4 分部工程质量验收

分部工程的验收在其所含各分项工程验收的基础上进行。

分部工程应由总监理工程师组织施工单位项目负责人和项目技术、质量负责人等进行验收;勘察、设计单位项目负责人和施工单位技术、质量部门负责人应参加地基与基础分部的验收;设计单位项目负责人和施工单位技术、质量部门负责人应参加主体结构、节能分部工程验收。

分部工程质量验收合格应符合下列规定:

① 所含各分项工程的质量均应验收合格;

② 质量控制资料应完整；

③ 有关安全、节能、环境保护和主要使用功能的抽样检验结果应符合相应规定；

④ 观感质量应符合要求。

必须注意的是，由于分部工程所含的各分项工程性质不同，因此它并不是在所含分项验收基础上的简单相加，即所含分项验收合格且质量控制资料完整，只是分部工程质量验收的基本条件，还必须在此基础上对涉及安全、节能、环境保护和主要使用功能的地基基础、主体结构和设备安装分部工程进行见证取样试验或抽样检测。而且还需要对其观感质地进行验收，并综合给出质量评价，对于评价为"差"的检查点应通过返修处理等进行补救。

分部工程质量验收记录可按 GB 50300 附录 G（表 7-7）填写。

表 7-7　分部工程质量验收记录

编号：_____

单位（子单位）工程名称		子分部工程数量		分项工程数量		
施工单位		项目负责人		技术（质量）负责人		
分包单位		分包单位负责人		分包内容		
序号	子分部工程名称	分项工程名称	检验批数量	施工单位检查结果	监理单位验收结论	
1						
2						
3						
4						
5						
6						
7						
8						
质量控制资料						
安全和功能检验结果						
观感质量检验结果						
综合验收结论						

施工单位 项目负责人： 　年　月　日	勘察单位 项目负责人： 　年　月　日	设计单位 项目负责人： 　年　月　日	监理单位 总监理工程师： 　年　月　日

注：1. 地基与基础分部工程的验收应由施工、勘察、设计单位项目负责人和总监理工程师参加并签字。

　　2. 主体结构、节能分部工程的验收应由施工、设计单位项目负责人和总监理工程师参加并签字。

分部工程应由总监理工程师组织施工单位项目负责人和项目技术负责人等进行验收。勘察、设计单位项目负责人和施工单位技术、质量部门负责人应参加地基与基础分部工程的验收。设计单位项目负责人和施工单位技术、质量部门负责人应参加主体结构、节能分部工程的验收。

7.2.5　单位工程质量竣工验收

单位工程是工程项目竣工质量验收的基本对象。单位工程质量验收合格应符合下列规定：

① 所含分部工程的质量均应验收合格；

② 质量控制资料应完整；

③ 所含分部工程中有关安全、节能、环境保护和主要使用功能的检验资料应完整；

④ 主要使用功能的抽查结果应符合相关专业质量验收规范的规定；

⑤ 观感质量应符合要求。

单位工程中的分包工程完工后，分包单位应对所承包的工程项目进行自检，并应按规定的程序进行验收。验收时，总承包单位应派人参加。分包单位应将所分包工程的质量控制资料整理完整，并移交给总承包单位。

单位工程完工后，施工单位应组织有关人员进行自检。总监理工程师应组织各专业监理工程师对工程质量进行竣工预验收。存在施工质量问题时，应由施工单位整改。整改完毕后，由施工单位向建设单位提交工程竣工报告，申请工程竣工验收。建设单位收到工程竣工报告后，应由建设单位项目负责人组织监理、施工、设计、勘察等单位项目负责人进行单位工程验收。

单位工程质量竣工验收记录、质量控制资料核查记录、安全和功能检验资料核查及主要功能抽查记录、观感质量检查记录应按 GB 50300 附录 H 填写。

单位工程质量竣工验收应按表 7-8 记录，表 7-8 中的验收记录由施工单位填写，验收结论由监理单位填写。综合验收结论经参加验收各方共同商定，由建设单位填写，应对工程质量是否符合设计文件和相关标准的规定及总体质量水平做出评价。

单位工程质量控制资料核查应按表 7-9 记录，单位工程安全和功能检验资料核查及主要功能抽查应按表 7-10 记录，单位工程观感质量检查应按表 7-11 记录。

表 7-8　单位工程质量竣工验收记录

工程名称		结构类型		层数/建筑面积	
施工单位		技术负责人		开工日期	
项目负责人		项目技术负责人		完工日期	
序号	项目	验收记录		验收结论	
1	分部工程验收	共　　分部，经查符合设计及标准规定　　分部			
2	质量控制资料核查	共　　项，经核查符合规定　　项			
3	安全和使用功能核查及抽查结果	共核查　　项，符合规定　　项，共抽查　　项，符合规定　　项，经返工处理符合规定　　项			
4	观感质量验收	共抽查　　项，达到"好"和"一般"的　　项，经返修处理符合要求的　　项			

续表

综合验收结论					
参加验收单位	建设单位	监理单位	施工单位	设计单位	勘察单位
	（公章） 项目负责人： 　　年　月　日	（公章） 总监理工程师： 　　年　月　日	（公章） 项目负责人： 　　年　月　日	（公章） 项目负责人： 　　年　月　日	（公章） 项目负责人： 　　年　月　日

注：单位工程验收时，验收签字人员应由相应单位的法人代表书面授权。

表 7-9　单位工程质量控制资料核查记录

工程名称				施工单位				
序号	项目	资料名称		份数	施工单位		监理单位	
					核查意见	核查人	核查意见	核查人
1	建筑与结构	图纸会审记录、设计变更通知单、工程洽商记录						
2		工程定位测量、放线记录						
3		原材料出厂合格证书及进场检验、试验报告						
4		施工试验报告及见证检测报告						
5		隐蔽工程验收记录						
6		施工记录						
7		地基、基础、主体结构检验及抽样检测资料						
8		分项、分部工程质量验收记录						
9		工程质量事故调查处理资料						
10		新技术论证、备案及施工记录						
1	给水排水与供暖	图纸会审记录、设计变更通知单、工程洽商记录						
2		原材料出厂合格证书及进场检验、试验报告						
3		管道、设备强度试验、严密性试验记录						
4		隐蔽工程验收记录						
5		系统清洗、灌水、通水、通球试验记录						
6		施工记录						
7		分项、分部工程质量验收记录						
8		新技术论证、备案及施工记录						

续表

工程名称				施工单位				
序号	项目	资料名称	份数	施工单位		监理单位		
				核查意见	核查人	核查意见	核查人	
1	通风与空调	图纸会审记录、设计变更通知单、工程洽商记录						
2		原材料出厂合格证书及进场检验、试验报告						
3		制冷、空调、水管道强度试验、严密性试验记录						
4		隐蔽工程验收记录						
5		制冷设备运行调试记录						
6		通风、空调系统调试记录						
7		施工记录						
8		分项、分部工程质量验收记录						
9		新技术论证、备案及施工记录						
1	建筑电气	图纸会审记录、设计变更通知单、工程洽商记录						
2		原材料出厂合格证书及进场检验、试验报告						
3		设备调试记录						
4		接地、绝缘电阻测试记录						
5		隐蔽工程验收记录						
6		施工记录						
7		分项、分部工程质量验收记录						
8		新技术论证、备案及施工记录						
1	建筑智能化	图纸会审记录、设计变更通知单、工程洽商记录						
2		原材料出厂合格证书及进场检验、试验报告						
3		隐蔽工程验收记录						
4		施工记录						
5		系统功能测定及设备调试记录						
6		系统技术、操作和维护手册						
7		系统管理、操作人员培训记录						
8		系统检测报告						
9		分项、分部工程质量验收记录						
10		新技术论证、备案及施工记录						

续表

工程名称				施工单位				
序号	项目	资料名称	份数	施工单位		监理单位		
				核查意见	核查人	核查意见	核查人	
1	建筑节能	图纸会审记录、设计变更通知单、工程洽商记录						
2		原材料出厂合格证书及进场检验、试验报告						
3		隐蔽工程验收记录						
4		施工记录						
5		外墙、外窗节能检验报告						
6		设备系统节能检测报告						
7		分项、分部工程质量验收记录						
8		新技术论证、备案及施工记录						
1	电梯	图纸会审记录、设计变更通知单、工程洽商记录						
2		设备出厂合格证书及开箱检验记录						
3		隐蔽工程验收记录						
4		施工记录						
5		接地、绝缘电阻试验记录						
6		负荷试验、安全装置检查记录						
7		分项、分部工程质量验收记录						
8		新技术论证、备案及施工记录						

结论：

施工单位项目负责人：　　　　　　　　　　　　　　总监理工程师：

年　月　日　　　　　　　　　　　　　　年　月　日

表 7-10　单位工程安全和功能检验资料核查及主要功能抽查记录

工程名称			施工单位				
序号	项目	安全和功能检查项目	份数	核查意见	抽查结果	核查（抽查）人	
1	建筑与结构	地基承载力检验报告					
2		桩基承载力检验报告					
3		混凝土强度试验报告					
4		砂浆强度试验报告					
5		主体结构尺寸、位置抽查记录					
6		建筑物垂直度、标高、全高测量记录					

续表

工程名称			施工单位					
序号	项目	安全和功能检查项目		份数	核查意见	抽查结果	核查（抽查）人	
7	建筑与结构	屋面淋水或蓄水试验记录						
8		地下室渗漏水检测记录						
9		有防水要求的地面蓄水试验记录						
10		抽气（风）道检查记录						
11		外窗气密性、水密性、耐风压检测报告						
12		幕墙气密性、水密性、耐风压检测报告						
13		建筑物沉降观测测量记录						
14		节能、保温测试记录						
15		室内环境检测报告						
16		土壤氡气浓度检测报告						
1	给排水与供暖	给水管道通水试验记录						
2		暖气管道、散热器压力试验记录						
3		卫生器具满水试验记录						
4		消防管道、燃气管道压力试验记录						
5		排水干管通球试验记录						
6		锅炉试运行、安全阀及报警联动测试记录						
1	通风与空调	通风、空调系统试运行记录						
2		风量、温度测试记录						
3		空气能量回收装置测试记录						
4		洁净室洁净度测试记录						
5		制冷机组试运行调试记录						
1	电气	照明全负荷试验记录						
2		大型灯具牢固性试验记录						
3		避雷接地电阻测试记录						
4		线路、插座、开关接地检验记录						
1	智能建筑	系统试运行记录						
2		系统电源及接地检测报告						
3		系统接地检测报告						
1	建筑节能	外墙节能构造检查记录或热工性能检验报告						
2		设备系统节能性能检查记录						

续表

工程名称				施工单位			
序号	项目	安全和功能检查项目	份数	核查意见	抽查结果	核查（抽查）人	
1	电梯	运行记录					
2		安全装置检测报告					

结论：

施工单位项目负责人： 总监理工程师：

　　　　　　　　　　　年　月　日 　　　　　　　　　　年　月　日

注：抽查项目由验收组协商确定。

表 7-11　单位工程观感质量检查记录

工程名称			施工单位						质量评价
序号	项目		抽查质量状况						质量评价
1	建筑与结构	主体结构外观	共检查　点，好　点，一般　点，差　点						
2		室外墙面	共检查　点，好　点，一般　点，差　点						
3		变形缝、雨水管	共检查　点，好　点，一般　点，差　点						
4		屋面	共检查　点，好　点，一般　点，差　点						
5		室内墙面	共检查　点，好　点，一般　点，差　点						
6		室内顶棚	共检查　点，好　点，一般　点，差　点						
7		室内地面	共检查　点，好　点，一般　点，差　点						
8		楼梯、踏步、护栏	共检查　点，好　点，一般　点，差　点						
9		门窗	共检查　点，好　点，一般　点，差　点						
10		雨罩、台阶、坡道、散水	共检查　点，好　点，一般　点，差　点						
1	给排水与供暖	管道接口、坡度、支架	共检查　点，好　点，一般　点，差　点						
2		卫生器具、支架、阀门	共检查　点，好　点，一般　点，差　点						
3		检查口、扫除口、地漏	共检查　点，好　点，一般　点，差　点						
4		散热器、支架	共检查　点，好　点，一般　点，差　点						
1	通风与空调	风管、支架	共检查　点，好　点，一般　点，差　点						
2		风口、风阀	共检查　点，好　点，一般　点，差　点						
3		风机、空调设备	共检查　点，好　点，一般　点，差　点						
4		管道、阀门、支架	共检查　点，好　点，一般　点，差　点						
5		水泵、冷却塔	共检查　点，好　点，一般　点，差　点						
6		绝热	共检查　点，好　点，一般　点，差　点						
1	建筑电气	配电箱、盘、板、接线盒	共检查　点，好　点，一般　点，差　点						
2		设备器具、开关、插座	共检查　点，好　点，一般　点，差　点						
3		防雷、接地、防火	共检查　点，好　点，一般　点，差　点						

续表

序号	项目		抽查质量状况	质量评价
1	智能建筑	机房设备安装及布局	共检查　点，好　点，一般　点，差　点	
2		现场设备安装	共检查　点，好　点，一般　点，差　点	
1	电梯	运行、平层、开关门	共检查　点，好　点，一般　点，差　点	
2		层门、信号系统	共检查　点，好　点，一般　点，差　点	
3		机房	共检查　点，好　点，一般　点，差　点	
观感质量综合评价				

结论：

施工单位项目负责人：　　　　　　　　　　　　　总监理工程师：

　　　　　　　　年　月　日　　　　　　　　　　　　　　　　年　月　日

注：1. 对质量评价为差的项目应进行返修；
　　2. 观感质量现场检查原始记录应作为本表附件。

7.3　工程竣工验收

　　工程竣工验收由建设单位负责组织实施。项目竣工质量验收是施工质量控制的最后一个环节，是对施工过程质量控制成果的全面检验，是从终端把关方面进行质量控制。未经验收或验收不合格的工程，不得交付使用。

7.3.1　工程竣工验收要求

　　① 完成工程设计和合同约定的各项内容。
　　② 施工单位在工程完工后对工程质量进行了检查，确认工程质量符合有关法律法规和工程建设强制性标准，符合设计文件及合同要求，并提出工程竣工报告。工程竣工报告应经项目经理和施工单位有关负责人审核签字。
　　③ 对于委托监理的工程项目，监理单位对工程进行了质量评估，具有完整的监理资料，并提出工程质量评估报告。工程质量评估报告应经总监理工程师和监理单位有关负责人审核签字。
　　④ 勘察、设计单位对勘察、设计文件及施工过程中由设计单位签署的设计变更通知书进行了检查，并提出质量检查报告。质量检查报告应经该项目勘察、设计负责人和勘察、设计单位有关负责人审核签字。
　　⑤ 有完整的技术档案和施工管理资料。
　　⑥ 有工程使用的主要建筑材料、建筑构配件和设备的进场试验报告，以及工程质量检测和

功能性试验资料。

　　⑦ 建设单位已按合同约定支付工程款。

　　⑧ 有施工单位签署的工程质量保修书。

　　⑨ 对于住宅工程，进行分户验收并验收合格，建设单位按户出具《住宅工程质量分户验收表》。

　　⑩ 建设主管部门及工程质量监督机构责令整改的问题全部整改完毕。

　　⑪ 法律、法规规定的其他条件。

7.3.2　工程竣工验收程序

　　① 工程完工后，施工单位向建设单位提交工程竣工报告，申请工程竣工验收。实行监理的工程，工程竣工报告须经总监理工程师签署意见。

　　② 建设单位收到工程竣工报告后，对符合竣工验收要求的工程，组织勘察、设计、施工、监理等单位组成验收组，制订验收方案。对于重大工程和技术复杂工程，根据需要可邀请有关专家参加验收组。

　　③ 建设单位应当在工程竣工验收 7 个工作日前将验收的时间、地点及验收组名单书面通知负责监督该工程的工程质量监督机构。

　　④ 建设单位组织工程竣工验收。

　　a. 建设、勘察、设计、施工、监理单位分别汇报工程合同履约情况和在工程建设各个环节执行法律、法规和工程建设强制性标准的情况；

　　b. 审阅建设、勘察、设计、施工、监理单位的工程档案资料；

　　c. 实地查验工程质量；

　　d. 对工程勘察、设计、施工、设备安装质量和各管理环节等方面作出全面评价，形成经验收组人员签署的工程竣工验收意见。

　　参与工程竣工验收的建设、勘察、设计、施工、监理等各方不能形成一致意见时，应当协商提出解决的方法，待意见一致后，重新组织工程竣工验收。

7.3.3　工程竣工验收报告

　　工程竣工验收合格后，建设单位应当及时提出工程竣工验收报告。工程竣工验收报告主要包括工程概况，建设单位执行基本建设程序情况，对工程勘察、设计、施工、监理等方面的评价，工程竣工验收时间、程序、内容和组织形式，工程竣工验收意见等内容。

　　工程竣工验收报告还应附有下列文件：

　　① 施工许可证。

　　② 施工图设计文件审查意见。

　　③ 施工单位提出工程竣工报告。工程竣工报告应经项目经理和施工单位有关负责人审核签字。

　　④ 监理单位提出工程质量评估报告。工程质量评估报告应经总监理工程师和监理单位有关负责人审核签字。

⑤ 勘察、设计单位对勘察、设计文件及施工过程中由设计单位签署的设计变更通知书进行检查，并提出质量检查报告。质量检查报告应经该项目勘察、设计负责人和勘察、设计单位有关负责人审核签字。

⑥ 有施工单位签署的工程质量保修书。

⑦ 验收组人员签署的工程竣工验收意见。

⑧ 法规、规章规定的其他有关文件。

负责监督该工程的工程质量监督机构应当对工程竣工验收的组织形式、验收程序、执行验收标准等情况进行现场监督，发现有违反建设工程质量管理规定行为的，责令改正，并将对工程竣工验收的监督情况作为工程质量监督报告的重要内容。

建设单位应当自工程竣工验收合格之日起 15 日内，依照《房屋建筑和市政基础设施工程竣工验收备案管理办法》的规定，向工程所在地的县级以上地方人民政府建设主管部门备案。

7.4 施工过程质量验收不符合要求的处理

施工过程的质量验收是以检验批的施工质量为基本验收单元。检验批质量不合格可能是由于使用的材料不合格、施工作业质量不合格、质量控制资料不完整等原因所致，其处理方法有：

① 在检验批验收时，发现存在严重缺陷的应推倒重做，有一般的缺陷可通过返修或更换器具、设备消除缺陷后重新进行验收；

② 个别检验批发现某些项目或指标（如试块强度等）不满足要求难以确定是否验收时，应请有资质的检测单位检测鉴定，当鉴定结果能够达到设计要求时，应予以验收；

③ 当检测鉴定达不到设计要求，但经原设计单位核算仍能满足结构安全和使用功能的检验批，可予以验收；

④ 严重质量缺陷或超过检验批范围内的缺陷，经法定检测单位检测鉴定以后，认为不能满足最低限度的安全储备和使用功能，则必须进行加固处理，虽然改变外形尺寸，但能满足安全使用要求，可按技术处理方案和协商文件进行验收，责任方应承担经济责任；

⑤ 通过返修或加固处理后仍不能满足安全使用要求的分部工程严禁验收。

7.5 保修期的质量控制

7.5.1 工程保修现有法律体系

目前国家关于工程保修颁布的法律法规有《建筑法》《建设工程质量管理条例》《房屋建筑工程质量保修办法》等。

《建筑法》对工程实施保修制度、保修责任、保修范围和年限作出了原则性规定；《建设工程质量管理条例》对保修书的提出和要求以及最低保修期限、保修责任作出了规定；《房屋建筑工程质量保修办法》对前两个文件进一步细化，并明确了具体操作要求和相应责任。以上三个文件对工程建设保修工作起到了约束和指导作用，并推动了工程建设保修工作的进步。

（1）《建筑法》

第六十二条：建筑工程实行质量保修制度。

建筑工程的保修范围应当包括地基基础工程、主体结构工程、屋面防水工程和其他土建工程，以及电气管线、上下水管线的安装工程，供热、供冷系统工程等项目；保修的期限应当按照保证建筑物合理寿命年限内正常使用，维护使用者合法权益的原则确定。具体的保修范围和最低保修期限由国务院规定。

（2）《建设工程质量管理条例》

第三十九条：建设工程实行质量保修制度。建设工程承包单位在向建设单位提交工程竣工验收报告时，应当向建设单位出具质量保修书。质量保修书中应当明确建设工程的保修范围、保修期限和保修责任等。

第四十条：在正常使用条件下，建设工程的最低保修期限为：基础设施工程、房屋建筑的地基基础工程和主体结构工程，为设计文件规定的该工程的合理使用年限；屋面防水工程、有防水要求的卫生间、房间和外墙面的防渗漏，为 5 年；供热与供冷系统，为 2 个采暖期、供冷期；电气管线、给排水管道、设备安装和装修工程，为 2 年。其他项目的保修期限由发包方与承包方约定。建设工程的保修期，自竣工验收合格之日起计算。

第四十一条：建设工程在保修范围和保修期限内发生质量问题的，施工单位应当履行保修义务，并对造成的损失承担赔偿责任。

第四十二条：建设工程在超过合理使用年限后需要继续使用的，产权所有人应当委托具有相应资质等级的勘察、设计单位鉴定，并根据鉴定结果采取加固、维修等措施，重新界定使用期。

工程合理使用年限是指该工程设计文件规定的该工程的合理使用年限。主要指建筑主体结构的设计使用年限。根据《建筑结构可靠性设计统一标准》（GB 50068）和《民用建筑设计统一标准》（GB 50352）的规定，建设工程的设计合理使用年限分为四类：

以主体结构确定建筑耐久年限分为四级：临时性建筑，其设计使用年限为 5 年；易于替换结构构件的建筑，其设计使用年限为 25 年；普通房屋和构筑物，其设计使用年限为 50 年；纪念性建筑和特别重要的建筑结构，其结构设计使用年限为 100 年。

（3）《房屋建筑工程质量保修办法》（建设部第 80 号令，2000 年）

关于保修管理、保修责任、保修金等规定，《建设工程质量保证金管理办法》（建质〔2016〕295 号）有关规定详见第 3.2.6 节。

7.5.2　工程质量保修书

房屋建筑工程质量保修书见图 7-1。

附件：**房屋建筑工程质量保修书**（示范文本）

发包人（全称）：_____

承包人（全称）：_____

发包人、承包人根据《中华人民共和国建筑法》、《建设工程质量管理条例》和《房屋建筑工程质量保修办法》，经协商一致，对_____（工程全称）签定工程质量保修书。

一、工程质量保修范围和内容

承包人在质量保修期内，按照有关法律、法规、规章的管理规定和双方约定，承担本工程质量保修责任。

质量保修范围包括地基基础工程、主体结构工程，屋面防水工程、有防水要求的卫生间、房间和外墙面的防渗漏，供热与供冷系统，电气管线、给排水管道、设备安装和装修工程，以及双方约定的其他项目。具体保修的内容，双方约定如下：

_____

_____

_____。

二、质量保修期

双方根据《建设工程质量管理条例》及有关规定，约定本工程的质量保修期如下：

1.地基基础工程和主体结构工程为设计文件规定的该工程合理使用年限；

2.屋面防水工程、有防水要求的卫生间、房间和外墙面的防渗漏为_____年；

3.装修工程为_____年；

4.电气管线、给排水管道、设备安装工程为_____年；

5.供热与供冷系统为_____个采暖期、供冷期；

6.住宅小区内的给排水设施、道路等配套工程为_____年；

7.其他项目保修期限约定如下：

_____

质量保修期自工程竣工验收合格之日起计算。

三、质量保修责任

1.属于保修范围、内容的项目，承包人应当在接到保修通知之日起7天内派人保修。承包人不在约定期限内派人保修的，发包人可以委托他人修理。

2.发生紧急抢修事故的，承包人在接到事故通知后，应当立即到达事故现场抢修。

3.对于涉及结构安全的质量问题，应当按照《房屋建筑工程质量保修办法》的规定，立即向当地建设行政主管部门报告，采取安全防范措施；由原设计单位或者具有相应资质等级的设计单位提出保修方案，承包人实施保修。

4.质量保修完成后，由发包人组织验收。

四、保修费用

保修费用由造成质量缺陷的责任方承担。

五、其他

双方约定的其他工程质量保修事项：_____

_____

_____。

本工程质量保修书，由施工合同发包人、承包人双方在竣工验收前共同签署，作为施工合同附件，其有效期限至保修期满。

发 包 人（公章）：　　　　　承 包 人（公章）：

法定代表人（签字）：　　　　法定代表人（签字）：

年 月 日　　　　　　　　　年 月 日

图 7-1　房屋建筑工程质量保修书

7.5.3　工程保修阶段的质量控制工作

（1）定期回访

施工、监理单位定期回访，发现使用过程中存在的问题。

（2）协调联系

对建设单位或使用单位提出的工程质量缺陷，监理单位应安排监理人员进行检查和记录，并应向施工单位发出保修通知，要求施工单位予以修复，施工单位接到保修通知后，应当到现场核查情况，在保修书约定的时间内予以保修。发生结构严重影响使用功能的紧急抢修事故，监理单位应单独或通过建设单位向政府管理部门报告，并立即通知施工单位到达现场抢修。

（3）界定责任

监理单位应组织相关单位对于质量缺陷责任进行界定，如果是使用者责任，施工单位修复的费用应由使用者承担。如果不是使用责任，界定是施工责任还是材料缺陷，根据该缺陷部位的施工方的具体情况，按施工的约定合理界定责任方，对非施工单位原因造成的工程质量缺陷，应核实施工单位申报的修复工程费用，并应签认工程款支付证书，同时应报建设单位。

（4）督促维修

施工单位对于质量缺陷的维修过程，监理单位应监督，合格后予以签认。

（5）检查验收

施工单位保修完成后，经监理单位验收合格，由建设单位或者工程所有人组织验收，涉及结构安全的，应当报当地建设行政主管部门备案。

推荐阅读

[1] GB/T 50375—2016. 建筑工程施工质量评价标准.

[2] GB 50300—2013.建筑工程施工质量验收统一标准.

[3] GB/T 50319—2013.建设工程监理规范.

课后习题

1.【多选题】工程施工质量验收层次包括（　　）

A．单位工程　　　　B．单项工程　　　　C．分部工程

D．分项工程　　　　E．检验批

2.【单选题】在建筑工程施工质量验收统一标准中，（　　）是指对安全、卫生、环境保护和公众利益起决定性作用的检验项目。

A．主控项目　　　　B．一般项目　　　　C．保证项目　　　　D．基本项目

3.【判断题】一般项目必须全部符合要求，即具有质量否决权的意义。如果达不到规定的质量要求，就应该拒绝验收。（　　）

4.【问答题】根据《建筑工程施工质量验收统一标准》（GB 50300—2013），一般的建筑工程可划分为哪十大分部工程?

综合题

小组作业：施工质量验收的过程。请组织模拟与演练，每一部分验收需加实际工程案例，请准备 PPT 和视频。

第8章
建设工程质量缺陷与事故的分析处理

 学习目标

1. 熟悉工程质量缺陷与事故的相关概念；
2. 熟悉施工质量事故发生的原因与预防；
3. 熟悉施工质量事故处理方法。

• **关键词：** 质量缺陷、质量事故、事故处理

 案例导读

【事故背景】2020 年 3 月 7 日 19 时 14 分，福建省泉州市鲤城区的欣佳酒店所在建筑物发生坍塌事故，造成 29 人死亡、42 人受伤，直接经济损失 5794 万元。

【原因分析】发生原因：事故单位将欣佳酒店建筑物由原四层违法增加夹层改建成七层，达到极限承载能力并处于坍塌临界状态，加之事发前对底层支承钢柱违规加固焊接作业引发钢柱失稳破坏，导致建筑物整体坍塌。主要教训：一是"生命至上、安全第一"的理念没有牢固树立。二是依法行政意识淡薄。三是监管执法严重不负责任。四是安全隐患排查治理形式主义问题突出。五是相关部门审批把关层层失守。六是企业违法违规肆意妄为。

【责任追究】对事故单位和技术服务机构给予吊销营业执照、特种行业许可证、卫生许可证等证照，吊销或降低企业资质，撤销消防设计备案、消防竣工验收备案、列入建筑市场主体"黑名单"、罚款；对有关责任人员吊销资格证书处理。对 64 名有关责任人依法依规追究责任。

8.1 工程质量事故的相关概念

（1）相关概念

根据 ISO 9000: 2015《质量管理体系 基础和术语》规定，凡工程产品未满足某个规定的要求（明示的、通常隐含的或必须履行的需求或期望），就称之为质量不合格；满足要求为合格；

与预期或规定用途有关的不合格，称为质量缺陷，具备法律内涵，尤其是在追究产品或服务责任有关方面。

根据 GB 50300—2013 术语定义，质量合格：建筑工程施工质量验收合格应符合下列规定，一是符合工程勘察、设计文件的要求；二是符合本标准和相关专业验收规范的规定。

根据 GB 50204—2015 术语定义，质量缺陷：混凝土结构施工质量不符合要求的检验项或检验点，按其程度可分为严重缺陷和一般缺陷。严重缺陷：对结构构件的受力性能、耐久性能或安装、使用功能有决定性影响的缺陷。一般缺陷：对结构构件的受力性能、耐久性能或安装、使用功能无决定性影响的缺陷。

根据《房屋建筑工程质量保修办法》第三条规定，质量缺陷是指房屋建筑工程的质量不符合工程建设强制性标准以及合同的约定。

（2）质量问题

具有应用范围的普遍性，比如常见质量问题（质量通病），代表所有的不符合质量要求的情况，但不一定是不合格工程。比如：混凝土浇筑后质量技术要求是要等 120 小时后才能继续在上面施工，而实际只等了 115 个小时，经检测混凝土强度等性能达标，可以说是个质量问题，但不是质量缺陷。当然，有缺陷肯定有问题。

（3）质量事故

根据《关于做好房屋建筑和市政基础设施工程质量事故报告和调查处理工作的通知》（建质〔2010〕111 号），质量事故是指由于建设、勘察、设计、施工、监理等单位违反工程质量有关法律法规和工程建设标准，使工程产生结构安全、重要使用功能等方面的质量缺陷，造成人身伤亡或者重大经济损失的事故。

根据工程质量事故造成的人员伤亡或者直接经济损失，工程质量事故分为 4 个等级：

① 特别重大事故，是指造成 30 人以上死亡，或者 100 人以上重伤，或者 1 亿元以上直接经济损失的事故；

② 重大事故，是指造成 10 人以上 30 人以下死亡，或者 50 人以上 100 人以下重伤，或者 5000 万元以上 1 亿元以下直接经济损失的事故；

③ 较大事故，是指造成 3 人以上 10 人以下死亡，或者 10 人以上 50 人以下重伤，或者 1000 万元以上 5000 万元以下直接经济损失的事故；

④ 一般事故，是指造成 3 人以下死亡，或者 10 人以下重伤，或者 100 万元以上 1000 万元以下直接经济损失的事故。

本等级划分所称的"以上"包括本数，所称的"以下"不包括本数。

（4）常见质量问题（通病）

房屋建筑工程常见的质量通病有：基础不均匀下沉，墙身开裂；现浇钢筋混凝土工程出现蜂窝、麻面、露筋；现浇钢筋混凝土阳台、雨篷根部开裂或倾覆、坍塌；砂浆、混凝土配合比控制不严，任意加水，强度得不到保证；屋面、厨房、卫生间渗水、漏水；墙面抹灰起壳、裂缝、起麻点、不平整；地面及楼面起砂、起壳、开裂；门窗变形、缝隙过大、密封不严；水暖电工安装粗糙，不符合使用要求；结构吊装就位偏差过大；预制构件裂缝、预埋件移位、预应力张拉不足、砖墙接槎或预留脚手眼不符合规范要求；金属栏杆、管道、配件锈蚀；墙纸粘贴不牢，空鼓、折皱，压平起光；饰面砖拼缝不平、不直、空鼓、脱落；喷浆不均匀、脱色、掉粉等。

山东省经过梳理，提炼了住宅工程常见的十二大重点质量问题，进行重点整治。具体有：钢筋混凝土现浇楼板裂缝；填充墙裂缝；墙面抹灰裂缝；外墙保温饰面层裂缝、渗漏；窗渗漏；有防水要求的房间地面渗漏；屋面渗漏；卫生间局部等电位连接做法不规范；电气暗配管不通，管内穿线"死线"，金属线管有毛刺；户内配电箱安装及配线不规范，存在安全隐患；地漏安装不规范，水封深度不足和散热器安装不规范，散热器支管渗漏。

8.2　施工质量事故发生的原因与预防

8.2.1　施工质量事故发生的原因

（1）非法承包、偷工减料、"豆腐渣"工程，成为近年来重大施工质量事故的主要原因。

（2）违背基本建设程序。《建设工程质量管理条例》规定，从事建设工程活动，必须严格执行基本建设程序，坚持先勘察、后设计、再施工的原则。严禁无立项、无报建、无开工许可、无招投标、无资质、无监理、无验收的"七无"工程，边勘察、边设计、边施工的"三边"工程。

（3）勘察设计的失误。地质勘察过于疏略，勘察报告不准不细，致使地基基础设计采用不正确的方案；结构设计方案不正确，计算失误，构造设计不符合规范要求等。这些勘察设计的失误在施工中显现出来，可能导致地基不均匀沉降，结构失稳、开裂甚至倒塌。

（4）施工的失误。施工管理人员及实际操作人员应具备基本业务知识，具备上岗的技术资质。避免施工管理混乱，施工组织、施工工艺技术措施不当；不按图施工，不遵守相关规范，违章作业；使用不合格的工程材料、半成品、构配件。重视安全施工，避免发生安全事故等。

（5）自然条件的影响。建筑施工露天作业多，恶劣的天气或其他不可抗力都可能引发施工质量事故。

8.2.2　施工质量事故预防措施

（1）严格依法进行施工组织管理

认真学习、严格遵守国家相关政策法规和建筑施工强制性条文，依法进行施工组织管理，从源头上预防施工质量事故。

（2）严格按照基本建设程序办事

建设项目立项首先要做好可行性论证，未经深入调查分析和严格论证的项目不能盲目定案，要彻底搞清工程水文地质条件方可开工；杜绝无证设计、无图施工；禁止任意修改设计和不按图纸施工；工程竣工不进行试车运转、不经验收不得交付使用等。

（3）认真做好工程地质勘察

地质勘察时要适当布置钻孔位置和设定钻孔深度。钻孔间距过大，不能全面反映地基实际情况；钻孔深度不够，难以查清地下软土层、滑坡、墓穴、孔洞等有害地质构造。地质勘察报告必须详细、准确，防止因根据不符合实际情况的地质资料而采用错误的基础方案，导致地基不均匀沉降、失稳，使上部结构及墙体开裂、破坏、倒塌。

（4）科学地加固处理好地基

对软弱土、冲填土、杂填土、湿陷性黄土、膨胀土、岩层出露、溶岩、土洞等不均匀地基要做科学的加固处理。要根据不同地基的工程特性，按照地基处理与上部结构相结合使其共同工作的原则，从地基处理与设计措施、结构措施、防水措施、施工措施等方面综合考虑处理。

（5）进行必要的设计审查复核

邀请具有合格专业资质的审图机构对施工图进行审查复核，防止因设计考虑不周、结构构造不合理、设计计算错误、沉降缝及伸缩缝设置不当、悬挑结构未通过抗倾覆验算等原因，导致质量事故的发生。

（6）严格把好建筑材料及制品的质量关

要从采购订货、进场验收、质量复验、存储和使用等几个环节，严格控制建筑材料及制品的质量，防止不合格或是变质、损坏的材料和制品用到工程上。

（7）对施工人员进行必要的技术培训

通过技术培训使施工人员掌握基本的建筑结构和建筑材料知识，理解并认同遵守施工验收规范对保证工程质量的重要性，从而在施工中自觉遵守操作规程，不蛮干，不违章操作，不偷工减料。

（8）加强施工过程的管理

施工人员首先要熟悉图纸，对工程的难点和关键工序、关键部位应编制专项施工方案并严格执行；施工中必须按照图纸和施工验收规范、操作规程进行；技术组织措施要正确，施工顺序不可搞错，脚手架和楼面不可超载堆放构件和材料；要严格按照制度进行质量检查和验收。

（9）做好应对不利施工条件和各种灾害的预案

要根据当地气象资料的分析和预测，事先针对可能出现的风、雨、高温、严寒、雷电等不利施工条件，制订相应的施工技术措施；还要对不可预见的人为事故和严重自然灾害做好应急预案，并有相应的人力、物力储备。

（10）加强施工安全与环境管理

许多施工安全和环境事故都会连带发生质量事故，加强施工安全与环境管理，也是预防施工质量事故的重要措施。

8.3 施工质量事故的处理方法

8.3.1 施工质量事故处理的依据

（1）质量事故的实况资料

包括质量事故发生的时间、地点；质量事故状况的描述，质量事故发展变化的情况的观测记录，事故现场状态的照片或录像；事故调查组调查研究所获得的第一手资料。

（2）相关的合同文件

主要包括工程承包合同、设计委托合同、设备与器材购销合同、监理合同及分包合同等。

（3）有关的技术文件和档案

主要是有关的设计文件（如施工图纸和技术说明），与施工有关的技术文件、档案和资料（如施工方案、施工计划、施工记录、施工日志、有关建筑材料的质量证明资料、现场制备材料的质量证明资料、质量事故发生后对事故状况的观测记录、试验记录或试验报告等）。

（4）相关的建设法规

主要包括《中华人民共和国建筑法》《建设工程质量管理条例》和《关于做好房屋建筑市政基础设施工程质量事故报告和调查处理工作的通知》（建质〔2010〕111 号）等与工程质量及质量事故处理有关的法规，勘察、设计、施工、监理等单位资质管理方面的法规，从业者资格管理方面的法规，建筑市场方面的法规，建筑施工方面的法规，以及标准化管理方面的法规等。

8.3.2　施工质量事故的处理程序

（1）事故报告

① 工程质量事故发生后，事故现场有关人员应当立即向工程建设单位负责人报告；工程建设单位负责人接到报告后，应于 1 小时内向事故发生地县级以上人民政府住房和城乡建设主管部门及有关部门报告。

情况紧急时，事故现场有关人员可直接向事故发生地县级以上人民政府住房和城乡建设主管部门报告。

② 住房和城乡建设主管部门接到事故报告后，应当依照下列规定上报事故情况，并同时通知公安、监察机关等有关部门。

a. 较大、重大及特别重大事故逐级上报至国务院住房和城乡建设主管部门，一般事故逐级上报至省级人民政府住房和城乡建设主管部门，必要时可以越级上报事故情况。

b. 住房和城乡建设主管部门上报事故情况，应当同时报告本级人民政府；国务院住房和城乡建设主管部门接到重大和特别重大事故的报告后，应当立即报告国务院。

c. 住房和城乡建设主管部门逐级上报事故情况时，每级上报时间不得超过 2 小时。

d. 事故报告应包括下列内容：

ⅰ. 事故发生的时间、地点、工程项目名称、工程各参建单位名称；

ⅱ. 事故发生的简要经过、伤亡人数（包括下落不明的人数）和初步估计的直接经济损失；

ⅲ. 事故的初步原因；

ⅳ. 事故发生后采取的措施及事故控制情况；

ⅴ. 事故报告单位、联系人及联系方式；

ⅵ. 其他应当报告的情况。

e. 事故报告后出现新情况，以及事故发生之日起 30 日内伤亡人数发生变化的，应当及时补报。

（2）事故调查

① 住房和城乡建设主管部门应当按照有关人民政府的授权或委托，组织或参与事故调查组

对事故进行调查，并履行下列职责。

a. 核实事故基本情况，包括事故发生的经过、人员伤亡情况及直接经济损失；

b. 核查事故项目基本情况，包括项目履行法定建设程序情况、工程各参建单位履行职责的情况；

c. 依据国家有关法律法规和工程建设标准分析事故的直接原因和间接原因，必要时组织对事故项目进行检测鉴定和专家技术论证；

d. 认定事故的性质和事故责任；

e. 依照国家有关法律法规提出对事故责任单位和责任人员的处理建议；

f. 总结事故教训，提出防范和整改措施；

g. 提交事故调查报告。

② 事故调查报告应当包括下列内容：

a. 事故项目及各参建单位概况；

b. 事故发生经过和事故救援情况；

c. 事故造成的人员伤亡和直接经济损失；

d. 事故项目有关质量检测报告和技术分析报告；

e. 事故发生的原因和事故性质；

f. 事故责任的认定和事故责任者的处理建议；

g. 事故防范和整改措施。

事故调查报告应当附具有关证据材料。事故调查组成员应当在事故调查报告上签名。

（3）事故处理

① 住房和城乡建设主管部门应当依据有关人民政府对事故调查报告的批复和有关法律法规的规定，对事故相关责任者实施行政处罚。处罚权限不属本级住房和城乡建设主管部门的，应当在收到事故调查报告批复后 15 个工作日内，将事故调查报告（附具有关证据材料）、结案批复、本级住房和城乡建设主管部门对有关责任者的处理建议等转送有权限的住房和城乡建设主管部门。

② 住房和城乡建设主管部门应当依据有关法律法规的规定，对事故负有责任的建设、勘察、设计、施工、监理等单位和施工图审查、质量检测等有关单位分别给予罚款、停业整顿、降低资质等级、吊销资质证书其中一项或多项处罚，对事故负有责任的注册执业人员分别给予罚款、停止执业、吊销执业资格证书、终身不予注册其中一项或多项处罚。

（4）其他

① 事故发生地住房和城乡建设主管部门接到事故报告后，其负责人应立即赶赴事故现场，组织事故救援；发生一般及以上事故，或者领导有批示要求的，设区的市级住房和城乡建设主管部门应派员赶赴现场了解事故有关情况；发生较大及以上事故，或者领导有批示要求的，省级住房和城乡建设主管部门应派员赶赴现场了解事故有关情况；发生重大及以上事故，或者领导有批示要求的，国务院住房和城乡建设主管部门应根据相关规定派员赶赴现场了解事故有关情况。

② 没有造成人员伤亡，直接经济损失没有达到 100 万元，但是社会影响恶劣的工程质量问题，参照本通知的有关规定执行。

8.3.3　质量事故处理的基本要求

工程质量事故处理的基本方法包括工程质量事故处理方案的确定及工程质量事故处理后的鉴定验收。其目的是消除质量缺陷，以达到建筑物的安全可靠和正常使用功能及寿命要求，并保证后续施工的正常进行。其一般处理原则是：正确确定事故性质，是表面性还是实质性、是结构性还是一般性、是迫切性还是可缓性；正确确定处理范围，除直接发生部位，还应检查事故相邻影响作用范围的结构部位或构件。其处理基本要求是：安全可靠，不留隐患；满足建筑物的功能和使用要求；技术可行，经济合理。

8.3.4　工程质量事故处理方案的确定

工程质量事故处理方案的确定，以分析事故调查报告中事故原因为基础，结合实地勘查成果，并尽量满足建设单位的要求。因同类和同一性质的事故常可以选择不同的处理方案，在确定处理方案时，应审核其是否遵循一般处理原则和要求，尤其应重视工程实际条件，如建筑物实际状态、材料实测性能、各种作用的实际情况等，以确保作出正确判断和选择。

质量事故的技术处理方案多种多样，根据质量事故的情况可归纳为三种类型的处理方案，监理人员应掌握从中选择最适用处理方案的方法，方能对相关单位上报的事故处理方案作出正确审核结论。

（1）工程质量事故处理方案类型

① 修补处理。这是最常用的一类处理方案。通常当工程的某个检验批、分项或分部工程的质量虽未达到规定的规范、标准或设计要求，存在一定缺陷，但通过修补或更换构配件、设备后还可达到要求的标准，又不影响使用功能和外观要求，在此情况下，可以进行修补处理。

属于修补处理类的具体方案很多，诸如封闭保护、复位纠偏、结构补强、表面处理等。某些事故造成的结构混凝土表面裂缝，可根据其受力情况，仅作表面封闭处理；某些混凝土结构表面的蜂窝、麻面，经调查分析，可进行剔凿、抹灰等表面处理，一般不会影响其使用和外观。

对较严重的质量缺陷，可能影响结构的安全性和使用功能，必须按一定的技术方案进行加固补强处理，这样往往会造成一些永久性缺陷，如改变结构外形尺寸，影响一些次要的使用功能等。

② 返工处理。当工程质量未达到规定的标准和要求，存在的严重质量缺陷，对结构的安全构成重大影响，且又无法通过修补处理的情况下，可对检验批、分项、分部工程甚至整个工程返工处理。例如，某防洪堤坝填筑压实后，其压实土的干密度未达到规定值，经核算将影响土体的稳定且不满足抗渗能力要求，可挖除不合格土，重新填筑，进行返工处理。对某些存在严重质量缺陷，且无法采用加固补强等修补处理或修补处理费用比原工程造价还高的工程，应进行整体拆除，全面返工。

③ 不做处理。某些工程质量缺陷虽然不符合规定和标准的要求构成质量事故，但是经论证、法定检测单位鉴定和设计等有关单位认可，对工程或结构使用及安全影响不大，也可不做专门处理。通常不做专门处理的情况有以下几种：

a. 不影响结构安全和正常使用。例如，有的建筑物出现放线定位偏差，且严重超过规范标准规定，若要纠正会造成重大经济损失，若经过分析、论证其偏差不影响生产工艺和正常使用，在外观上也无明显影响，可不做处理。又如，某些隐蔽部位结构混凝土表面裂缝，经检查分析，属于表面养护不够的干缩微裂，不影响使用及外观，也可不做处理。

b．有些质量缺陷，经过后续工序可以弥补。例如，混凝土墙表面轻微麻面，可通过之后的抹灰、喷涂或刷白等工序弥补，亦可不做专门处理。

c．经法定检测单位鉴定合格。例如，某检验批混凝土试块强度值不满足规范要求，强度不足，在法定检测单位对混凝土实体采用非破损检验方法，测定其实际强度已达规范允许和设计要求值时，可不做处理。对经检测未达要求值，但相差不多，经分析论证，只要使用前经再次检测达设计强度，也可不做处理。

d．出现的质量缺陷，经检测鉴定达不到设计要求，经原设计单位核算，仍能满足结构安全和使用功能。例如，某一结构构件截面尺寸不足，或材料强度不足，影响结构承载力，但经按实际检测所得截面尺寸和材料强度复核验算，仍能满足设计的承载力，可不进行专门处理。这是因为一般情况下，规范标准给出了满足安全和功能的最低限度要求，而设计往往在此基础上留有一定余量，这种处理方式实际上是挖掘了设计潜力或降低了设计的安全系数。

不论哪种情况，特别是不做处理的质量缺陷，均要备好必要的书面文件，对技术处理方案、不做处理结论和各方协商文件等有关档案资料认真组织签认。对责任方应承担的经济责任和合同中约定的罚则应正确判定。

（2）选择最适用工程质量事故处理方案的辅助方法

选择工程质量处理方案，是复杂而重要的，它直接关系到工程的质量、费用和工期。处理方案选择不合理，不仅劳民伤财，严重的会留有隐患，危及人身安全，特别是对需要返工或不做处理的方案，更应慎重对待。下面给出一些可采取的选择工程质量事故处理方案的辅助决策方法。

① 试验验证。即对某些有严重质量缺陷的项目，可采取合同规定的常规试验以外的试验进行验证，以便确定缺陷的严重程度。例如，公路工程的沥青面层厚度误差超过了规范允许的范围，可采用弯沉试验，检查路面的整体强度等。监理人员可根据对试验验证结果的分析、论证，再研究选择最佳的处理方案。

② 定期观测。某些工程在发现其质量缺陷时，其状态可能尚未达到稳定仍会继续发展，一般不宜过早作出决定，可以对其进行一段时间的观测，然后根据情况进展，再作出决定。如桥墩或其他工程的基础在施工期间发生沉降超过预计的或规定的标准；混凝土表面发生裂缝，并处于发展状态等。有些有缺陷的工程，短期内其影响可能不十分明显，需要较长时间的观测才能得出结论。对此，项目监理机构应与建设单位及施工单位协商，是否可以留待责任期解决或采取修改合同延长责任期的办法。

③ 专家论证。对于某些工程质量缺陷，可能涉及的技术领域比较广泛，或问题很复杂，有时仅根据合同规定难以决策，这时可提请专家论证。而采用这种办法时，应事先做好充分准备，尽早为专家提供尽可能详尽的情况和资料，以便使专家能够进行较充分、全面和细致地分析、研究，提出切实的意见与建议。实践证明：采取这种方法，对于监理人员正确选择重大工程质量缺陷的处理方案十分有益。

④ 方案比较。这是比较常用的一种方法。同类型和同一性质的事故可先设计多种处理方案，然后结合当地的资源情况、施工条件等逐项给出权重，作出对比，从而选择具有较高处理效

又便于施工的处理方案。例如，结构构件承载力达不到设计要求，可采用改变结构构造来减少结构内力、结构卸荷或结构补强等不同处理方案，可将其每一方案按经济、工期、效果等指标列项并分配相应权重值，进行对比，辅助决策。

8.4 工程质量事故处理的鉴定验收

质量事故的技术处理是否达到了预期目的，消除了工程质量不合格和工程质量缺陷是否仍留有隐患，项目监理机构应通过组织检查和必要的鉴定，对此进行验收并予以最终确认。

（1）检查验收

工程质量事故处理完成后，项目监理机构在施工单位自检合格的基础上，应严格按施工验收标准及有关规范的规定进行检查，依据质量事故技术处理方案设计要求，通过实际量测，检查各种资料数据进行验收，并应办理验收手续，组织各有关单位会签。

（2）必要的鉴定

为确保工程质量事故的处理效果，凡涉及结构承载力等使用安全和其他重要性能的处理工作，常需做必要的试验和检验鉴定工作。如果质量事故处理施工过程中建筑材料及构配件质量保证资料严重缺乏，或对检查验收结果各参与单位有争议时，必须委托具有资质的法定检测单位进行鉴定。

（3）验收结论

对所有质量事故无论是经过技术处理，通过检查鉴定验收还是不需专门处理的，均应有明确的书面结论。若对后续工程施工有特定要求，或对建筑物使用有一定限制条件，应在结论中提出。验收结论通常有以下几种：

① 事故已排除，可以继续施工；

② 隐患已消除，结构安全有保证；

③ 经修补处理后，完全能够满足使用要求；

④ 基本上满足使用要求，但使用时应有附加限制条件，例如限制荷载等；

⑤ 对耐久性的结论；

⑥ 对建筑物外观影响的结论；

⑦ 对短期内难以作出结论的，可提出进一步观测检验意见。

对于处理后符合《建筑工程施工质量验收统一标准》GB 50300—2013 规定的，监理人员应予以验收、确认，并应注明责任方承担的经济责任。对经加固补强或返工处理仍不能满足安全使用要求的分部工程、单位（子单位）工程，应拒绝验收。

推荐阅读

[1] 《关于做好房屋建筑市政基础设施工程质量事故报告和调查处理工作的通知》（建质〔2010〕111 号）。

[2] 汪绯. 工程质量事故案例分析与处理. 北京：化学工业出版社，2021.

[3] 梁化强, 等. 工程质量事故分析与处理. 北京: 中国建筑工业出版社, 2018.

课后习题

1.【多选题】工程施工过程中, 质量事故处理的基本要求有 (　　)。

A. 安全可靠, 不留隐患　　　　　　B. 满足工程的功能和使用要求

C. 技术可行, 经济合理　　　　　　D. 满足建设单位的要求

E. 造型美观, 节能环保

2.【单选题】复位纠偏是 (　　) 工程质量事故处理方案。

A. 返工处理　　　　B. 修补处理　　　　C. 加固补强　　　　D. 试验检测

3.【判断题】与预期或规定用途有关的不合格, 称为质量问题。(　　)

4.【问答题】事故调查报告应当包括哪些内容?

综合题

小组作业: 1. 质量事故案例的分析与分享。

　　　　　2. 质量事故类型与原因分析统计。请准备 PPT 或视频。

第 9 章
BIM 在建设工程质量管理中的应用

学习目标

1. 了解 BIM 在质量管理中的应用；
2. 了解 BIM 在装配式建筑质量管理中的应用。

• 关键词：BIM、装配式建筑、BIM 在质量管理中的应用

案例导读

中信大厦，又称"中国尊"，位于北京中央商务区核心区 Z15 地块，东至金和东路，南邻规划中的绿地，西至金和路，北至光华路，总建筑面积 43.7 万平方米，其中地上 35 万平方米，地下 8.7 万平方米，建筑总高 528m，建筑层数地上 108 层、地下 7 层（不含夹层），可容纳 1.2 万人办公，每日可接待约 1 万人次的观光，是北京市最高的地标建筑。项目全专业深化设计 BIM 模型共 652 个，过程模型总容量超 700GB，最新版大楼整体综合模型达 35.4GB。目前，项目 Revit 专业族库拥有为本项目专门建立的构件族 300 余个，覆盖机电、精装修、幕墙、电梯、擦窗机等各个专业。项目已经开展分区模型综合协调 19 轮，发现解决模型问题达 5600 余处，其中协调专业间矛盾超过 900 处，有效提升深化设计图纸质量。

9.1 概述

随着建筑行业快速发展，企业对于建筑项目的管理要求也越来越高。过去，建筑行业过多地关注成本管理和进度管理而忽视了质量管理，同时，由于建筑行业自身的特点，使得建筑工程项目的管理水平，尤其是质量管理水平与其他工业部门相比有较大的差距，其中很重要的原因是质量管理信息化水平低。因此，在工程项目质量管理中引入信息技术尤为重要。

基于 BIM 技术的项目质量管理是指基于 BIM 模型对项目质量实施情况的监督和管理。这项工作的主要内容包括项目质量实际情况的度量、项目质量实际与项目质量标准的比较、项目

质量误差与问题的确认、项目质量问题的原因分析和采取纠偏施以消除项目质量差距与问题等一系列活动。

（1）应用 BIM 技术的质量管理目标

BIM 技术在工程项目质量管理中的应用目标是：通过信息化的技术手段全面提升工程项目的建设水平，实现工程项目的精益化管理。在提高工程项目施工质量的同时，更好地实现工程项目的质量管理目标和安全管理目标。

BIM 技术在工程项目质量管理中的应用目标可以细化为如下 3 个等级：1 级目标是较为成熟，也较易于实现的 BIM 应用；2 级目标涉及的应用内容较多，需要多种 BIM 软件相互配合来实现；3 级目标需要较大的软件投入和硬件投入，需要较为深入的研究和探索才能够实现。

（2）应用 BIM 技术的质量管理的特征

使参建各方质量管理更高效。依托 BIM 能有效提升现场工况记录的准确度，结合模型、文字、图片等，及时传递给相关人员。与纯粹的文档叙述相比，将质量信息加载在 BIM 模型之上，通过模型的浏览，摆脱抽象的文字表述，让质量问题能在各个层面上高效地流转、辐射，从而使各方质量问题的协调工作更易展开。

质量责任人更易追溯。BIM 工作平台将全面、详尽地记录质量问题的检查情况，由于每个构件打上相关人员的质量"终身烙印"，在项目寿命期内的责任可准确追溯。

现场质量信息采集更准确。BIM 逐步与智能型终端设备集成应用，通过对软件、硬件进行整合，利用模型中的属性数据驱动智能型终端进行监测，并将采集的原始数据实时发送到数据中心，采集的重要监测数据出现异常时第一时间发出预警。

全面实现质量管理经验的共享和提升。以 BIM 为载体，使记录质量问题并进行横纵向分析成为可能。通过不断积累的模型质量数据，可对质量分析模型进行不断修正，让预测结果越来越准确。

（3）质量管理建模依据

① 依据图纸/文件进行建模。用于质量建模的文件包括：图纸/设计类文件、总体进度计划文件、当地的规范和标准类文件、专项施工方案、技术交底方案、设计交底方案等。

② 依据变更文件进行建模（模型更新）。用于质量建模的变更文件包括：设计变更通知单/变更图纸、当地的规范和标准类文件以及其他的特定要求。

（4）基于 BIM 的质量管理的优势与不足

① 优势。随着国家对建筑行业的大量投入，工程项目也越来越复杂，这也给施工企业在项目的管理上提出更高的要求，精细化管理贯穿于质量管理全过程。传统的质量管理模式主要基于项目的各种纸质资料，信息冗杂，管理人员需从大量的信息中分析选择，在信息传递与交流过程中容易造成信息缺失，给质量管理带来巨大的困难。BIM 技术的发展已相当成熟，可运用到建筑项目的各个阶段，有利于实现 BIM 精益管理的应用价值。

② 不足。一项工程的顺利完成需要多个部门之间进行相互协调，因此，各个参建方的行为对整个工程质量都会产生极大影响。为了从根本上发挥 BIM 在施工过程质量管理中的作用，必须要严格执行相关的行业标准准则，对工程建立精确的模型，对工程参建方进行严格的行为管理和工作监督。因此造成质量管理的工作量增大，包括建模的工作量和对人员管理的工作量及具体质量管理的工作量。

9.2　BIM 在质量管理中的应用

9.2.1　BIM 在图纸会审管理中的应用

在质量管理工作中，图纸会审是最为常用的一种施工质量预控手段。图纸会审是指：施工方在收到施工图设计文件后，在进行设计交底前，对施工图设计文件进行全面而细致的熟悉和审核工作。其基本目的是：将图纸中可能引发质量问题的设计错误、设计问题在施工开始前予以暴露、发现，以便及时进行变更和优化，确保工程项目的施工质量。

（1）传统工作模式下，图纸会审工作中存在的困难

① 查找错误较为困难。传统工作模式是基于二维平面图纸和纸质的记录文件进行图纸会审工作的。随着我国社会经济水平的发展，大型、综合、超高层的工程项目日益增多。现代工程项目涉及的图纸文件数量多，图幅大。一些复杂的施工节点往往需要十余幅甚至更多的图纸文件才能够表达清晰。这种现状增加了图纸会审工作的难度，为图纸会审工作提出了更高的要求。

② 沟通较为困难。传统工作模式下，工程项目的各参与方之间，就图纸中的问题进行沟通时也会存在着诸多问题。比如，施工方同其他参与方进行图纸沟通时，需要让其他参与方先对大量的二维图纸进行理解后再进行沟通，耗时耗力。同时，二维图纸中的信息存在着不完整和不关联性，这种情况增加了施工过程中不可预见的技术风险和成本风险。

（2）BIM 技术在图纸会审管理中的应用

BIM 模型的绘制过程也就是在计算机环境下，对工程项目进行虚拟建造的过程。必须把图纸读全、读透，才能够确保 BIM 模型的精确性。因此一些在施工过程中才能够发觉的图纸问题，在模型的绘制过程中就能够得以暴露。可见，采用 BIM 技术进行图纸会审工作，能够把图纸中的问题在施工前就予以暴露、发觉，可以显著提升图纸会审工作的质量和效率。同时，传统工作模式下很多施工难度大的区域，如果仅仅依据二维图纸，没有将相互关联的图纸读全，很难发现其中的施工难度。

采用 BIM 技术，在模型的绘制过程中结合技术人员、施工人员的施工经验，可以很容易地发现施工难度大的区域，在提前做好策划工作的同时，彻底解决了传统工作模式的弊端。

此外，BIM 模型绘制完成后，借助虚拟漫游功能，工程项目的各参与方可以在计算机环境下，对工程项目中不符合规范要求、不合理的区域进行整体的审核、协商、变更。在提升图纸会审工作的质量和效率的同时，显著降低了各参与方之间的沟通难度。图纸会审管理 BIM 应用方案见图 9-1。

在某工程中，通过 BIM 图纸会审发现的问题如图 9-2 所示。

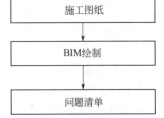

图 9-1　BIM 在图纸会审中的应用

地点	地下车库		专业名称	预留孔洞
图号	图纸问题		会审（设计交底）意见	
问题描述	机电管线与土建结构冲突			
模型 03/04				

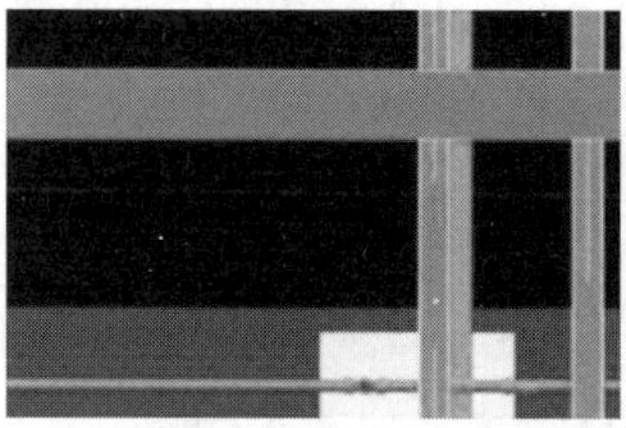

图 9-2　图纸会审

9.2.2　BIM 在专项施工方案模拟中的应用

工程项目施工前进行专项施工方案的模拟以及优化能够起到准确的指导作用，合理的专项方案是项目规划具有可实施性和高细致程度的基础。随着社会的发展，现代工程项目中常常会使用到一些新材料和新工艺。但是工程项目的技术人员和施工人员并不知道该如何使用这些新型材料，传统模式的工程项目主要依靠二维图纸以及一些必要的文字来编制工程项目的专项施工方案，很难将新材料和新工艺的使用步骤和工序介绍清楚，施工人员和技术人员理解起来也非常困难。使用 BIM 技术的工程项目在进行专项施工方案的模拟时，会针对不同材料的特性，对施工步骤和需要注意的地方很直观地表现出来，在此基础上配上必要的文字，不仅大大增强了施工人员和设计人员对项目中材料使用的理解程度，而且使专项施工方案的实用性有所保障。专项施工方案模拟 BIM 应用方案见图 9-3。

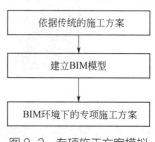

图 9-3　专项施工方案模拟 BIM 应用方案

在某工程中，对某钢结构工程施工模拟如图 9-4 所示。

图 9-4　钢结构工程施工模拟

9.2.3　BIM 在技术交底管理中的应用

技术交底的基本目的是：使一线的技术人员、施工人员对工程项目的技术要求、质量要求、安全要求、施工方法等方面有一个细致的理解，便于科学地组织施工，避免技术质量事故的发生。传统工作模式下，大多依据一系列二维的图纸（平、立、剖面图）结合文字进行技术交底。同时，由于技术交底内容晦涩难懂，增加了技术人员、施工人员对技术交底内容的理解难度，造成技术交底不彻底，施工无法达到预期的效果。采用 BIM 技术进行技术交底，可以将各施工步骤、施工工序之间的逻辑关系直观地加以展示，再配合简单的文字描述，在降低技术人员、施工人员理解难度的同时，能够进一步确保技术交底的可实施性。技术交底管理 BIM 应用方案见图 9-5。

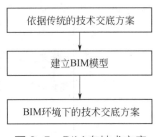

图 9-5　BIM 在技术交底管理中的应用

在某工程中，砌体工程交底采用 BIM 技术，如图 9-6 所示。

图 9-6　砌体工程交底

9.2.4　BIM 在碰撞检测及深化设计管理中的应用

碰撞检测的基本目的是在 BIM 环境下，对工程项目中各专业（建筑、结构、给水排水、暖通、电气等）在空间中存在的问题（错漏碰缺）进行检测。传统工作模式下，大多依据一系列二维的图纸（平、立、剖面图）进行碰撞检测。图纸之间缺乏必要的关联性，无法实现"一处修改，处处修改"的联动，增加了碰撞检测工作的难度。传统工作模式下，碰撞检测工作的不足主要是对管线交汇的区域难以进行全面的分析和辨识。针对碰撞点所进行的调整通常为局部性的调整。也就是说，没有考虑管线整体的连贯性，容易造成"顾此失彼"，在解决一处碰撞点的同时，会引发新的碰撞点。由于空间结构的复杂性，在某些情况下（比如对净空的要求较高时），传统工作模式难以实现"因地制宜"地对管线的排布方式进行调整。采用 BIM 技术的碰撞检测及深化设计技术的优势是：可以实现碰撞点的自动检测，速度快、效率高，可以实现硬碰撞检测，也可以实现软碰撞检测。碰撞检测及深化设计管理 BIM 应用方案见图 9-7。

某工程涉及 20 多种专业，管线比较复杂，碰撞专业涉及通风、喷淋、消火栓、给排水、电缆桥架、建筑结构、空调水、消防 8 个专项，23 种碰撞关系，碰撞总次数达 1128 次。局部碰撞如图 9-8 所示。

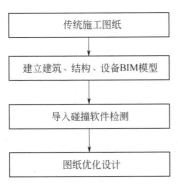

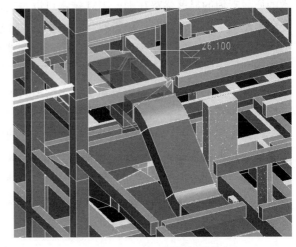

图 9-7　碰撞检测及深化设计管理 BIM 应用方案　　　　图 9-8　某工程局部碰撞

9.2.5　BIM 技术在施工质量校核中的应用

BIM 技术可以作为施工现场质量校核的依据。将 BIM 技术同其他硬件系统相结合（如三维激光扫描仪），可以对施工现场进行实测实量分析，对潜在的质量问题进行及时的监控和解决。通过将 BIM 技术和云技术相结合，可以将 BIM 技术的应用范围从办公室扩展到施工现场。同时，也降低了 BIM 模型在使用过程中对计算机硬件设备的要求。BIM 技术在施工质量校核中的应用见图 9-9。

在某工程中，应用了三维扫描技术如图 9-10。

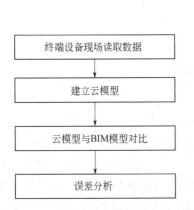

图 9-9　BIM 技术在质量校核中的应用　　　　图 9-10　三维扫描技术

9.2.6　BIM 技术在质量资料管理中的应用

质量管理工作是整个工程项目管理工作中的重中之重。同传统工作模式相比，采用 BIM 技术的质量管理的显著优势在于：BIM 技术可以对实际的施工过程进行模拟，并对施工过程中涉及的海量施工信息进行存储和管理。通过建立 BIM 模型同外部数据库（施工质量资料）之间的链接关系，可以实现 BIM 环境下的施工质量资料管理。以 Navisworks 为例，BIM 技术在质量资料管理中的应用见图 9-11。

在某工程中，基于 BIM 技术外接数据库进行的质量管理，其主要依托 Navisworks 软件的 Data Tools 工具来实现与外部数据的关联，关联成功后，相关信息就可以在构件的特性栏显示关联的信息内容，完成信息的存储，以便传递和交流，如图 9-12 所示。

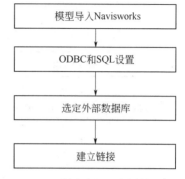

图 9-11   BIM 技术在质量资料管理中的应用

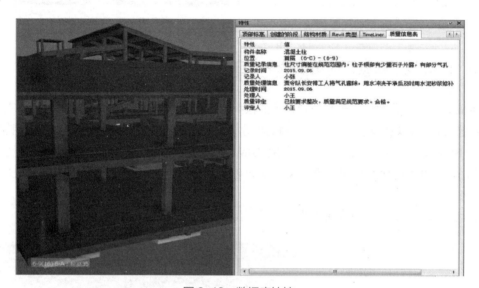

图 9-12   数据库挂接

9.3   BIM 在装配式质量管理中的应用

装配式建筑规划自 2015 年以来密集出台，2015 年末发布《工业化建筑评价标准》，决定 2016 年全国全面推广装配式建筑，并取得突破性进展；2015 年 11 月住建部出台《建筑产业现代化发展纲要》，计划到 2020 年装配式建筑占新建建筑的比例达 20%以上，到 2025 年装配式建筑占新建建筑的比例达 50%以上；2016 年 2 月国务院出台《国务院办公厅关于大力发展装配式建筑的指导意见》，力争用 10 年左右的时间，使装配式建筑占新建建筑面积的比例达到 30%；2016 年 3 月政府工作报告提出要大力发展钢结构和装配式建筑，提高建筑工程标准和质量；2016 年 9 月国务院出台《国务院办公厅关于大力发展装配式建筑的指导意见》，对大力发展装配式建筑和钢结构重点区域、未来装配式建筑占比新建建筑目标、重点发展城市进行了明确等等。

　　《国务院办公厅关于大力发展装配式建筑的指导意见》对装配式建筑进行了定义：装配式建筑是用预制部品部件在工地装配而成的建筑。通俗地讲，装配式建筑就是在现代化的工厂，先预制好外墙、内墙、楼梯、阳台、飘窗等建筑组成部分（部品部件），然后运输到工地现场，经过快速组装之后，就成了装配式建筑。

　　从结构来说，装配式建筑可以分为：装配式混凝土建筑、装配式钢结构建筑和装配式木结构建筑。而其中装配式混凝土建筑由于其优异的特性，更容易被人接受，也是装配式建筑的主要形式。

9.3.1　基于 BIM 的装配式建筑质量管理优势

　　装配式建筑与传统建筑的主要区别在于，装配式建筑的施工场所不仅仅是在工地，其施工场所已经延伸到工厂。正是因为施工场所的延伸，质量管理变得越发复杂，由传统的施工现场单一质量管理转变为现在的工厂、工地两方面的质量管理。另外施工方式由湿作业变为干作业，由现浇转变为装配为主，质量管理体系也发生了转变。应用 BIM 是一个过程，是一个不断收集信息并将信息视觉化的一个过程。BIM 模型建立了一个便于收集信息并将信息加以展示的平台，具有模型三维可视化、信息收集动态化、管理工作协同性等特点。BIM 与装配式建筑都是基于构件的体系，将 BIM 技术应用于装配式建筑的质量管理中有着巨大的管理优势。

　　（1）BIM 技术提升了质量管理效率

　　传统项目信息表达方式通过纸质存储传递，使各参与方信息存储和沟通相对不便，易出现信息孤岛。装配式建筑的位置、尺寸都是非常精确的，如果通过二维图纸传递建筑信息，一方面图纸众多，组织查找困难；另一方面二维图纸作为信息载体，不够直观，很可能影响建筑项目质量目标的实现。BIM 通过构建的数字化信息模型，三维可视化，简单易"懂"，可以将其中的关键信息通过三维模型展示，将为构件加工、安装提供准确尺寸，避免因信息误解产生质量隐患。同时 BIM 技术可以协同设计、协同管理，为项目各参与方提供信息传递平台，使质量信息沟通更加便捷，提升质量管理效率。

　　（2）BIM 技术可明确质量责任追溯

　　BIM 技术实施过程中充分利用物联网等工具，将用到的物料质量信息，工程材料、设备、构配件质量信息，通过 RFID 等传感器或二维码等，可对现场施工作业产品进行追踪、记录和分析，实现自动化、智能化，减少了人为干预造成的质量问题，增强了质量信息的可追溯性，便于管理者对质量问题的追踪管理，明确质量责任。

　　（3）有利于对现场质量的实时有效控制

　　在 BIM 模型应用于质量管理的过程中，现场质量管理人员可以随时将现场出现的问题加以记录，并通过网络实时反映到 BIM 模型中，其他质量管理人员则可以通过实时更新的 BIM 模型随时查看现场质量情况，实时掌握现场施工的不确定因素，做到对制造工厂以及装配现场的有效控制，对工程质量实时动态监控，有效避免重大质量问题的出现。BIM 模型作为整体和局部质量信息的载体，使项目进行质量动态控制和过程控制变得更加简易。

9.3.2　BIM 在装配式建筑质量管理中的应用

（1）事前指导性质量管理

为了保证施工过程中质量，在施工项目实施前，根据相应的施工承包合同、企业质量体系文件、国家和地方法律及施工组织设计、专项方案、施工标准规范等编制项目质量计划，将编制好的施工质量计划和质量控制标准录入 BIM 信息模型中，在模型中形成质量管理信息库，为后期施工过程作指导。同时在项目实施前，项目管理者组织可视化的图纸会审，通过研究施工组织设计、专项施工方案等，对施工质量控制点进行识别，做到提前部署，重点监控，或是制订相应的规避方案，达到事前质量控制的效果。

（2）过程控制性质量管理

过程控制性质量管理，是指在项目生产施工过程开始后，对活动中的人和事进行的质量管理。装配式建筑的施工过程存在着两个施工场所，一个是构件的生产场所——制造工厂，一个是构件的装配场所——施工现场。需要针对不同的施工场所，制订不同的过程质量管理控制方法及流程。

① 制造工厂的质量控制。工厂生产是装配式建筑施工的起点，工厂生产产品的质量直接关系到其现场安装的质量，所以在制造工厂的质量管理尤为重要，为保证每个构配件到现场都能准确的安装，不发生错漏碰缺，生产前需要进行"深化"工作，利用 BIM 技术把可能发生在现场的冲突和碰撞在模型中进行消除。其质量管理流程如图 9-13 所示。

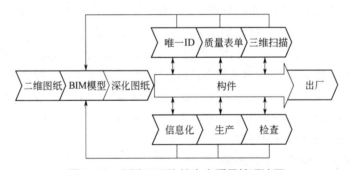

图 9-13　制造工厂构件生产质量管理流程

深化设计人员通过使用 BIM 软件对建筑物模型进行碰撞检测，不仅可以发现构件之间是否存在干涉和碰撞，还可以检测构件的预埋钢筋之间是否存在冲突和碰撞，根据碰撞检测结果，调整修改构件设计图纸。深化设计图纸与模型相关联，一旦模型数据进行修改，工厂内与其关联的所有图纸将会自动更新；能准确表达构件相关钢筋的构造布置、做法、用量等，可直接用于构件生产；使图纸做到细致、实时、动态、精确；减少因设计造成的质量隐患。

通过图纸会审和三维可视化技术进行优化设计和碰撞检查后的三维数据模型，将其中需要工厂生产的构配件信息通过 BIM 信息平台将模型中的预制构配件信息库直接下发到工厂，减少中间信息传递环节，避免因信息层层传递造成信息衰减而形成的质量隐患。工厂利用得到的三维模型以及数据信息进行准确生产，减少以二维图纸传输过程中读图差异所导致的预制件生产准备阶段订单质量隐患，确保预制件的精确加工。某构件如图 9-14 所示。

图 9-14　PK 板的三维设计模型

在构件加工过程中，工人在每个构件中都置入一个无线射频识别芯片，每个芯片对应一个唯一 ID，作为构件的"身份证"。工人对构件的材料质量管理信息进行记录，形成可追溯质量表单，并将记录结果通过手持设备记录入此构件内部芯片内，同时芯片的关联信息通过现场无线局域网传输进 BIM 模型，使模型中这一构件数据实时更新。

在构配件生产完成时，使用三维扫描仪器进行最后质量检查，扫描构配件并使扫描得到的三维模型通过构配件内置芯片，实时上传 BIM 模型数据库，数据库接收数据后根据编码 ID 自动与模型内设计构件进行比对，经深化后的设计数据和施工数据从虚拟和现实角度揭示构件质量。

② 施工现场质量控制。在构件运输到工地后，其质量管理流程如图 9-15 所示。在开工前对项目进行 5D 全真模拟施工，通过模拟找出项目中施工难点，以及容易出现质量问题的工序作为质量控制点，将识别出来的质量控制点在 BIM 模型中重点标注，用以提醒现场工人进行质量重点监控。

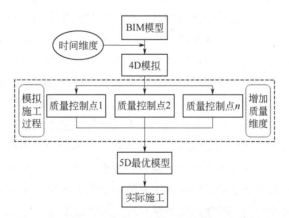

图 9-15　基于 BIM 的 5D 模拟质量管理实施过程

在项目实施过程中，一线施工人员通过手持设备扫描构配件内置芯片，得到构配件安装位置、质量要求等。必要情况下支持调用构配件模拟施工过程，复杂节点三维可视化交底，直观、立体了解具体施工步骤，辅助现场施工，减少施工过程中因技术交底和通过图纸二维转三维信息流失而造成的质量问题。

③ 事后总结性质量管理。对于装配施工现场的质量管理主要是通过物联网、RFID 及 BIM

等工具。现场派驻的监理工程师，一旦发现质量问题，可通过手机、iPad 等手持设备读取构配件芯片，将现场采集到的照片、视频及质量信息并同文字描述一起上传到 BIM 模型中，进行分析处理同时保存处理痕迹，便于以后责任追溯。其过程如图 9-16 所示。

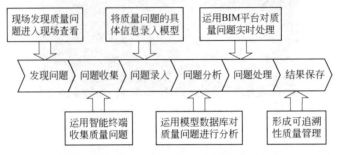

图 9-16　施工现场工程质量信息管理流程

通过 BIM 对问题进行统计存档，积累相似问题的预判经验和处理的方法和经验，反馈至前面各阶段，以便把问题前置思考，最大限度地避免质量问题，减少出错成本。不断在实践中补充和积累质量控制点，为项目后续应用或今后项目的持续应用建成强大的质量管理数据库，以及给施工质量的事前和过程控制提供数据和经验。由此可以逐渐形成与自身相适应的质量控制流程与管理模式。

9.3.3　装配式建筑质量管理的 BIM 措施

（1）信息措施

基于 BIM 进行质量管理，其重点是信息。依靠信息传递效率的提高提升了质量管理的准确性和及时性。BIM 模型是以数据信息为支撑建立的。面对如此多的信息集合如何准确定位存在质量问题的部位，即控制对象，需要对施工单元或构件编号，形成施工单元或构件唯一 ID 码，并以此 ID 码来进行有效质量管理。构件 ID 识别码基于 IFC 标准编制，每个构件都有唯一身份 ID，以便在模型中准确定位、查看信息。根据不同的工作场所及现场要求，可以采用不同的工作方式。通常分为主动式标杆质量管理，和被动式人为参与性质量管理。主动式标杆质量管理信息的录入，主要适用于制造工厂，是指现场工人通过将构配件内置芯片将加工原材料的质量信息、加工工序及工艺上传到 BIM 数据库中，比照数据库质量管理程序自动进行标杆对比，并将比对结果通过构件 ID 在 BIM 模型中用不同颜色显现，用以作为质量管理者进行质量管理依据；被动式人为参与性质量管理信息的录入主要适用于施工现场。在现场工程师履行职责的过程中发现质量问题，通过视频、图像及文字等方式记录后直接通过构配件内置芯片上传至 BIM 信息库；对问题处理过程和处理责任人进行记录，以使信息具有可追溯性。质量处理信息充分反映了质量管理中动态控制的原理，可以使质量管理者通过 BIM 实施平台，清晰了解工程中的质量问题发生、处理、解决的状态，质量管理者能第一时间对现场进行有效控制，提升了对工程项目的整体掌控能力。

（2）技术措施

为了保证装配式建筑质量信息的准确及时处理，需要相应的技术措施进行保障。利用 IFC 标准对构配件进行合理编码，使每个构配件产生唯一 ID。将 ID 中的信息快速读取需要 RFID

技术作为支持。RFID 技术不需要识别系统与特定目标之间建立光学或者机械接触，就能够通过无线电波识别特定目标并显示其所包含的相关信息，其组成部分有应答器、阅读器、中间件、软件系统。RFID 具有的特点主要有体积小型化、形状多样化、易于在构配件的复杂形状上安装、适应能力强、具有抗污染能力和耐久性等特点。RFID 对水、油和化学药品等物质具有很强抵抗性，适用于制造工厂及施工现场复杂的工作环境非接触式的信息读取，不受覆盖物遮挡的干扰，有利于存储信息的快速读取；数据的记忆容量大，采用电子标签存储，满足构配件各种质量信息的存储。

（3）组织措施

BIM 作为新的技术应用于装配式建筑施工过程，必然冲击到传统的组织管理。所以为了更好地应用 BIM 技术进行质量管理，必然会有组织措施进行保障。依据 BIM 技术实施特点，对传统的管理组织做出相应的变革，组建专门的 BIM 质量小组，强化 BIM 组织职能，加强现场人员学习培训，思想上接受新技术，行动上掌握新技术，特别是在装配式构件质量信息录入过程中人员的不确定性用组织进行规范。根据装配式建筑质量信息处理流程，因事设职保证质量信息的快速准确处理，通过组织保证将及时动态的控制原理运用到质量信息的处理过程中，使远程管理者通过 BIM 模型实时了解施工过程中发生质量问题的位置以及问题的处理状态，从组织整体上加强了管理者对工程项目质量的控制情况。

（4）经济措施

基于 BIM 的装配式建筑质量管理的顺利实施不仅需要技术措施和组织措施，还涉及相应的经济措施。针对项目的具体实施情况，采取相适应的经济措施，制订资金需求计划，以此为依据拨付相应资金，并制订详细的资金使用计划，严格记录资金使用情况，做到专款专用，从资金上来保证装配式建筑质量在技术上的顺利实施。除此之外还应从经济上激励参与到基于 BIM 装配式建筑质量管理的人员，消除参与人员的组织惰性，制订详细合理的奖惩计划，对适应快、掌握技术好的人员实行经济奖励，用以调动全员参与到质量管理中的积极性。

推荐阅读

[1] 中国建筑施工行业信息化发展报告（2015）：BIM 深度应用与发展. 北京：中国城市出版社，2015.

[2] 布拉德·哈丁，戴夫·麦库尔. BIM 与施工管理. 2 版. 王静，尚晋，刘辰，译. 北京：中国建筑工业出版社，2018.

[3] 纪凡荣，等. BIM 技术在某项目管线综合中的应用[J]. 施工技术. 2013, 42（3）：107-109.

课后习题

1.【多选题】基于 BIM 装配式建筑质量管理优势包括（   ）。

A．BIM 技术提升了质量管理效率

B．BIM 技术可明确质量责任追溯

C．有利于对现场质量的实时有效控制

D．实现立体交叉作业，减少施工人员，从而提高工效、降低物料消耗、减少环境污染

2．【单选题】BIM 在质量管理中应用包括哪些环节？（　　　）

A．图纸会审   B．专项施工方案模拟

C．碰撞检测   D．以上皆是，但不限于以上

3．【判断题】装配式建筑是用商品混凝土在施工现场现浇而成的建筑。（　　　）

4．【问答题】基于 BIM 装配式建筑质量管理优势有哪些？

综合题

小组作业：BIM 案例的分析与分享，请准备 PPT 或视频。

参考文献

[1] 全国一级建造师执业资格考试用书编写委员会. 建设工程项目管理[M]. 4 版. 北京: 中国建筑工业出版社, 2015.

[2] 中国建设监理协会. 建设工程质量控制[M]. 北京: 中国建筑工业出版社, 2013.

[3] 李祥军. 工程项目管理[M]. 北京: 中国建筑工业出版社, 2020.

[4] 张凤. 管理学[M]. 2 版. 北京: 中国建筑工业出版社, 2016.

[5] 夏伯忠. 全面质量管理[M]. 吉林: 吉林人民出版社, 1986.

[6] 施骞, 胡文发. 工程质量管理[M]. 上海: 同济大学出版社, 2006.

[7] 吕明, 胡争光, 吕超. 现代企业管理[M]. 北京: 国防工业出版社, 2014.

[8] 熊勇清. 管理学 100[M]. 长沙: 湖南科学技术出版社, 2013.

[9] 丁士昭. 工程项目管理[M]. 2 版. 北京: 中国建筑工业出版社, 2014.

[10] 李祥军. 建设工程合同管理[M]. 北京: 中国建筑工业出版社, 2019.

[11] GB/T 19580—2012. 卓越绩效评价准则.

[12] 中建《建筑工程施工 BIM 应用指南》编委会. 建筑工程施工 BIM 应用指南[M]. 北京: 中国建筑工业出版社, 2014.

[13] 张华明, 纪凡荣, 杨正凯. 建筑施工组织[M]. 3 版. 北京: 中国电力出版社, 2018.

[14] 桑培东, 纪凡荣. 建筑企业经营管理[M]. 北京: 中国电力出版社, 2017.

[15] 桑培东, 亓霞. 建筑工程项目管理[M]. 北京: 中国电力出版社, 2007.